룰루랄라
미분적분

학교에서 가르치지 않는 생각의 노하우

룰루랄라 미분적분

가미나가 마사히로 지음   조윤동 옮김

윤출판

미분과 적분이라는 것의 진짜 정체는 뭘까? 미분, 적분을 한 결과가 왜 이렇게 나오는 걸까? 미분과 적분은 실제로 어디에 쓰이고 있을까?

우리가 사는 세계는 인간 사회든 자연이든 운동(변화)을 고려하지 않고 생각할 수 없습니다. 운동하지 않는 것은 없으니까요. 실제로 정지(불변)해 있다 하더라도 (상대적이기는 합니다만) 그것은 잠깐일 뿐입니다. 사실은 정지해 있는 것처럼 보일 뿐이지요. 이 때문에 운동을 규명하고 설명하기 위한 노력이 끊임없이 이어져 왔습니다. 그리고 이러한 노력은 문명의 발전과도 맞닿아 있습니다.

운동의 실체를 어떻게 나타낼 것인가는 매우 어려운 일이었습니다. 운동에는 행성 같은 천체나 자유 낙하하는 물체의 움직임, 소리나 빛의 전달, 열의 전도 등이 포함됩니다. 이러한 물질의 운동 현상을 설명하기 위한 도구로 사용된 것이 수학인데, 그 가운데서도 미적분이 중요한 구실을 했습니다. 이와 같이 자연 현상을 규명하는 역할을 하던 미적분이 이제는 인간 사회에서 일어나는 여러 현상을 설명하고 문제를 해결하는 데에도 활용되고 있습니다. 이런 까닭으로 고등학교에서 미적분의 기본을 다루고 있는 것이지요.

주변에서 고등학교 때 배운 수학 내용 중에서 다른 것과 달리 미분과 적분은 쉬웠다고 말하는 사람들을 적지 않게 만났습니다. 까닭인즉슨 미적분 문제는 외운 공식을 써서 기계적으로 풀 수 있기 때문이라더군요. 그러나 그런 경우는 대부분 미적분을 그저 암기한 공식을 적용해 계산하는 것에 지나지 않는다고 여기고 있을 뿐입니다. 미적분의 원리를 모르더라도 그 결과인 공식만 기억하고 있으면 문제를 해결하는 데는 아무런 지장이 없기 때문이기도 하지요. 다른 것은 "왜 그런 거지?"라고 한 번쯤 생각해보기는 합니다만.

미분과 적분 공식이 왜 그렇게 만들어졌는지를 학교에서 다루기는 하지만, 그 형성 원리를 이해시키거나 이해하는 데에는 그다지 노력을 기울이지는 않아 보입니다. 또한 공식 하나하나를 별개의 것으로 다룰 때가 많습니다. 또 깊이 들어가면서 엄밀하게 다루는 경우도 있습니다. 이럴 때, 학생의 처지에서는 매우 난감할 수밖에 없습니다. 학생 스스로 연계시키기에는 매우 벅차고, 엄밀한 근거를 이해하는 것도 너무 어렵기 때문입니다.

이런 어려움을 이 책이 해소해줄 것이라 생각합니다. 이 책에서는 미분과 적분의 기본이 되는 개념을 직관적이면서 수학적으로 다루고 있습니다. 일관된 공통의 원리로 하나의 공식에서 다른 공식을 유도하면서 일반화하고 있지요. 미분과 적분의 바탕이 되는 무한과 극한을 아주 자연스럽게 글 안에 녹여내고 있을뿐더러 미분과 적분이 쓰이는 사례도 적절히 들어 설명하고 있습니다. 따라서 이 책을 읽고 나면 미분과 적분의 원리와 방법, 각 공식 사이의 연계성을 비롯하여 미분과 적분 사이의 관계 등을 앎으로써, 미적분학적으로 사고하는 방식을 터득하게 될 것입니다. 나아가 파악한 미분과 적분의 의미를 확장하여 적용하는 데에도 매우 도움이 될 것입니다.

이 책이 수학을 가까이하는 데 보탬이 되기를 바랍니다.

조윤동

이 책은 한마디로 미적분 입문서입니다. 입문서지만 생각보다 높은 수준까지 올라갑니다. 이렇게 말하면,

'종이와 연필을 준비해야겠네요.'

하고 생각할지도 모르겠으나 그럴 필요는 없습니다. 종이와 연필은 필요 없습니다. 이 책은 '읽는' 입문서이기 때문입니다. 긴장을 풀고 편안한 마음으로 읽어 나가면 됩니다.

미적분이라는 말을 들으면 보통 사람들은 어떤 이미지를 떠올릴까요? 무엇보다도 먼저 번잡스럽고 성가신 계산을 떠올리는 사람이 많지 않을까요? 학교 다닐 때 치렀던 시험에서 계산만 조금 잘못했을 뿐인데도 점수가 많이 깎였던 쓰라린 경험 때문에 그런 이미지가 강하게 남았는지도 모르겠습니다.

 미적분의 핵심은 당연히 '공식 암기와 계산'이죠, 그렇죠? 외운 공식으로 계산해서 답이 나오면 되는 것 아닌가요?

이런, 이 친구는 '미적분 문제라면 공식을 외워서 적용하면 되는 거 아냐?'라는 생각을 하고 있는 것 같습니다. 입학시험이나 중간, 기말고사 같은 데서 요령을 잘 부리는 사람의 전형입니다. 그런가 하면,

분명히 말하지만, 어떤 제품을 만드는 데 미적분을 사용할 요량이라면 어려운 계산은 하지 않아도 됩니다. 그런 계산에 쓸 수 있는 우수한 소프트웨어가 있거든요.

위의 알베르트 박사처럼 좀 다른 의미에서 아주 유별난 의견을 가진 사람도 있습니다. 학교에서는 이런 유형의 사람을 멀리하라고 하겠지만, 사회에서는 오히려 대담하고 융통성 있는 사람으로 잘 살 수 있을 것 같습니다. 저는 이 책을 알베르트 박사와 같은 생각으로 쓰고 있습니다. 계산을 못하는 것보다야 잘하는 게 좋겠지만, 맨 처음에 해야 할 일은 다른 데 있다고 생각하기 때문입니다.

수학자는 수학에 발군의 실력을 갖추고 있는 사람들이니까, 계산 실력도 아주 뛰어날 거라고 생각하기 쉽습니다. 하지만 꼭 그렇다고 할 수는 없습니다. 수학자들도 뜻밖에 간단한 계산에서 실수할 때가 많고, 잘못 생각하는 일도 흔합니다.

공간의 수학적 성질을 연구하는 학문인 위상수학을 구축해 후대에 이름을 남긴 천재 수학자 앙리 푸앵카레(H. Poincaré, 1854~1912)는 실수가 많기로 유명했습니다. 논문에도 틀린 곳이 여기저기 있었습니다. 그런데 푸앵카레가 생각하는 방식과 순서는 본질적으로 옳은 것이었습니다. 생각하는 방식과 흐름만 올바르다면 작은 오류야 그다지 치명적이지 않습

니다. 학교에서는 계산이 맞는지를 가지고 성적을 매기곤 하는데, 이는 생각하는 방식에 점수를 매기기가 어렵기 때문입니다.

저는 남쪽 나라가 좋아서 2010년에는 인도에서 지냈습니다. 첸나이(옛 마드라스)에 있는 수리과학연구소에서 연구를 하고 있었는데, 인도라는 나라뿐 아니라 인도 사람들의 연구 방식에도 매료되고 말았습니다.

그중에서도 놀라웠던 것은 인도 사람들이 계산을 그다지 많이 하지 않는다는 사실이었습니다. 물론 전혀 계산을 하지 않는 것은 아니었으나, 그보다는 생각하는 시간이 길었습니다. 종이가 아까워서 그러는 건가 생각할 정도였습니다. '연구는 종이와 연필만 있으면 할 수 있다'라는 게 수학자들이 상투적으로 하는 말인데, 인도 사람들이 이 말을 들으면 '중요한 머리를 빼먹지 않았습니까?'라고 웃으며 되물어올지도 모르겠습니다. 저는 인도에서의 경험을 통해 수학을 연구할 때 써야 하는 것은 머리라는 것을 뼈저리게 느꼈습니다.

혹시 인도 수학자들은 머릿속으로 계산을 하는 걸까요? 어쨌든 20 × 20까지의 구구단(엄밀히 말하면 구구단이 아니지만)을 외울 수 있는 사람들입니다. 그러니 그 정도 계산쯤은 잘해내지 않을까, 라고 생각할지도 모르겠습니다.

그러나 계산을 하는 게 아니었습니다. 인도 수학자들은 이미지로 생각하고 있었습니다. 마지막으로 계산을 하기 전에, 이미지로 생각하면서 올바른 길을 찾았습니다. 바로 이 단계가 매우 중요합니다. 여기서 올바른 길을 생각해내기만 하면, 계산은 어떻게든 해결되는 경우가 많습니다.

이 책에서는 미적분의 본질 = '생각하는 요령'이라는 점을 중시합니다. 이를테면 제1장에서는 적분 기호가 거의 나오지 않기 때문에, 이렇게 해서 정말로 이해할 수 있을까 하는 걱정이 들 수도 있습니다. 그러나 제1장에서 미적분의 본질을 읽어놓으면 제2장부터 등장하는 여러 가지 공식과 수식이 뜻밖이라 할 만큼 쏙쏙 이해될 것입니다.

조금 딱딱한 이야기일 수도 있지만, 미적분의 본질은 방법론에 있습니다. 요컨대 생각하는 '요령'을 파악하고 나면 복잡한 수식의 의미도 쉽게 이해할 수 있습니다. 그런 다음에는 배운 것을 바탕으로 필요한 기술을 천천히 익혀 나가면 됩니다. 하지만 이와는 반대로 '요령'을 파악하지 못하고 기술부터 익히려고 한다면, 미적분 공부는 모래를 씹는 듯한 고행이 되어버릴 것입니다.

미적분 계산을 아주 조금밖에 이해하지 못한다 하더라도 신경 쓸 필요 없습니다. 처음부터 모든 걸 다 이해하지 못해도 괜찮습니다. 마음을 풀고 여유롭게 미적분의 본질을 따라가 봅시다.

차 례

1. 적분이란 무엇인가

2. 미분이란 무엇인가

1
적분이란 무엇인가

1

적분의 존재 가치

● 사실은 친숙한 적분

보통 미분부터 시작하지 않나요? 어째서 이 책은 적분부터예요?

한마디로 적분이 '그림으로 그리기'에 좋기 때문입니다. 적분은 넓이와 부피를 구하는 게 기본이어서 이미지로 나타내기 쉽습니다.

초등학교 때 배운 도형의 넓이와 부피의 계산, 사실 이것들은 적분의 세계에 잇닿아 있습니다. 우리는 고등학교에서 갑작스럽게 적분과 마주치게 되는 것이 아닙니다. 초등학교에서 착실하게 워밍업을 하고 나서 좀 더 높은 수준의 적분으로 나아가는 것뿐입니다.

그러나 적분과 달리 미분은 대부분의 사람들에게 친숙하지 않습니다. 미분이라고 하면 '접선의 기울기', '순간 속도', '가속도' 같은 이야기가 되어버려서 좀체 이해하기가 힘듭니다. 눈으로 볼 수도 없고, 감각적으로 파악하기가 어렵습니다.

역사적으로 보아도 미분보다는 적분이 훨씬 먼저 등장했습니다. 적분법의 근원은 '도형의 크기를 재는 것'에 있습니다. 예로부터 전해져 오던 길이, 넓이, 부피를 계산하는 기술을 여러 사람이 뛰어난 지혜로 충실히 갈고 닦아서 현재의 적분법으로까지 진보하게 된 것입니다.

기록을 살펴보면 적분법의 등장은 기원전 1800년 무렵까지 거슬러 올라갑니다. 그보다 시기를 늦춰 현대에 사용하고 있는 적분법의 원리와 상당히 가까운, '착출법(또는 실진법)'이라 일컫는 방법을 써서 포물선과 직선으로 둘러싸인 도형의 넓이를 구한 아르키메데스(Archimedes, 기원전 287?~212)를 기원으로 본다고 해도 기원전 200년대입니다.* 적분의 오랜 역사가 엿보이는 부분입니다.

한편으로 인도의 바스카라(Bhāskara II, 1114~1185)가 자신을 미분법의 선구자로 만들어준 방법을 고안한 것이 12세기였고, 뉴턴(I. Newton, 1642~1727)이 미분법과 적분법을 통합해 천체의 운동을 만유인력의 법칙으로부터 유도해 보인 것은 17세기에 들어서고 나서의 이야기입니다.

그러니까 적분이 등장하고 나서 미분이 나오기까지는 어림잡아도 1300년이라는 아주 긴 시간이 필요했던 것입니다.

---

* 이 책의 목적은 수학사를 상세히 기술하는 데에 있지 않다. 그래서 맨 처음에 착출법을 생각해낸 사람이 아닌, 널리 알려진 아르키메데스를 들었다. 착출법의 기원을 살펴보면 가장 앞선 사람은 에우독소스(Eudoxos, 기원전 408?~355?)로 알려져 있는데, 대부분의 사람들은 그 이름을 알지 못할 것이다.

도대체 적분이란 것을 왜 해야 하나요?

 길이, 넓이, 부피를 재려면 적분법이 필요합니다. 뜻밖에도 우리 주변에는 넓이와 부피를 간단하게 계산해낼 수 있는 것이 많지 않습니다.

적분이 더 일찍 생겨난 까닭은 평면도형의 넓이나 입체도형의 부피와 같이 눈에 보이는 대상을 다룰 필요가 매우 컸기 때문이 아닐까 생각합니다.

우리는 초등학교에서는 직사각형이나 원과 같은 단순한 형태의 도형만 배우는데, 그와 같은 지식을 직접 써볼 수 있는 상황은 많지 않습니다. 왜냐하면 알베르트 박사의 말처럼 현실 세계에는 학교에서 배우는 형태들만 있는 게 아니기 때문입니다. 오히려 실제로는 직사각형이나 원처럼 깔끔한 형태를 하고 있는 쪽을 예외라고 말해야 할 정도입니다. 따라서 온갖 형태의 도형의 크기를 잴 수 있는 기술이 필요합니다.

일본에서는 초등학교 실과 수업에서 우동 면을 만드는 방법이나 감자를 포슬포슬하게 삶는 방법 같은 매우 간단한 조리법을 배웁니다. 아마도 그것이 음식 만들기의 기본이기 때문일 것입니다. 실제로 그냥 내버려두면, 우동은 가게에서 사오고 감자도 자주 안 삶아 먹을지도 모릅니다. 그러나 기본을 알고 있으면 우동에서 배운 지식을 빵, 피자, 파스타에 응용할 수 있고 삶은 감자로부터 감자 샐러드, 크로켓으로 옮겨갈 수 있습니다.

초·중학교에서 배우는 직사각형과 원이 우동이나 삶은 감자라고 한다면 미적분은 빵이나 감자 샐러드처럼 응용한 음식이라고 할 수 있습니다. 미적분이 고안된 덕분에 여러 가지 도형의 넓이와 부피를 계산할 수 있게 되었습니다. 아무리 변형된 도형이라도 이리저리 궁리하면 계산해낼 수 있다는 것은 극적인 진보입니다.

생각하는 방법을 응용해 넓이, 부피를 스스로 이끌어낼 수 있도록 하는 것, 이것이야말로 적분의 참다운 즐거움이고 적분을 배우는 의미입니다.

● 모든 도형은 직사각형으로 통한다

직사각형을 기본으로 생각한다.

도형의 종류는 수없이 많지만 가장 간단하게 넓이를 계산할 수 있는 것이라면 다름 아닌 '직사각형'입니다.

초등학교에서 처음으로 넓이를 계산하는 방법을 배웠던 때가 생각나나요? 마름모꼴, 평행사변형, 삼각형, 사다리꼴, 원 따위의 넓이를 계산한 것은 직사각형보다 나중이었다는 생각이 듭니다.

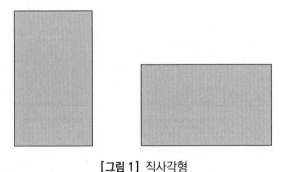

[그림 1] 직사각형

직사각형은 '가로 × 세로'만으로 계산할 수 있습니다. 가장 간단한 도형입니다. 덧붙여서 수학의 세계에서 정사각형은 '직사각형의 특수한 형태'라고 생각할 수 있습니다.

직사각형의 넓이를 계산하는 방법을 알면, 삼각형의 넓이를 계산하는 것으로 발전시킬 수 있습니다. 거꾸로 말해 직사각형의 넓이를 계산하는 방법을 모른다면 삼각형의 넓이도 계산할 수 없습니다.

왜냐하면 삼각형의 넓이는,

'밑변을 한 변으로 하는 직사각형의 넓이를 반으로 나눈 것'

이라고 생각할 수 있기 때문입니다. [그림 2]를 보면 삼각형의 넓이는 직사각형 넓이의 딱 절반, 곧 '밑변 × 높이 ÷ 2'임을 알 수 있습니다.

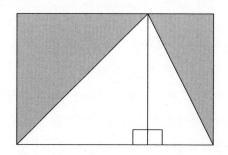

[그림 2] 삼각형의 넓이는 직사각형 넓이의 절반

평행사변형은 어떨까요? 이것은,

'한 변이 밑변이 되는 삼각형 2개를 합쳐서 만든 도형'

이라고 생각합니다.

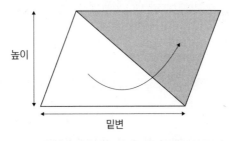

[그림 3] 평행사변형의 넓이는 삼각형 넓이의 2배

사다리꼴의 넓이는 어떨까요? 이것은 평행사변형 넓이의 절반입니다. 왜냐하면 **[그림 4]**처럼 같은 사다리꼴 두 개를 합쳐놓은 것이 평행사변형이 되기 때문입니다. 이런 의미에서 사다리꼴의 넓이도 직사각형을 기본으로 하여 계산합니다. '(밑변 + 윗변) × 높이 ÷ 2'입니다.

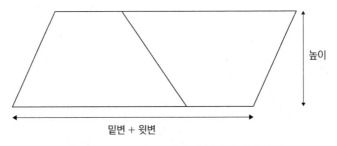

[그림 4] 사다리꼴의 넓이는 평행사변형 넓이의 절반

삼각형, 평행사변형, 사다리꼴. 언뜻 제각기 다른 도형으로 보이지만 넓이를 구하는 공식은 어느 것이나 직사각형의 넓이가 바탕이 됩니다.

● '근사'라는 방법의 의미

도형을 작은 직사각형의 모음으로 생각한다.

초등학교 수학을 배울 때 이런 것을 해보지 않았나요? 모눈종이 위에 컴퍼스로 원을 그립니다. 이를테면 **[그림 5]**와 같은 원입니다.

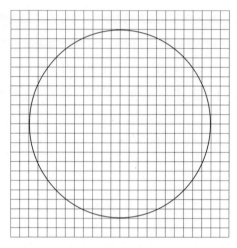

[그림 5] 원의 넓이 계산

그러고 나서 이 원 안에 있는 네모난 모눈의 개수를 셉니다. 거듭해서 여러 가지 크기의 원을 그리고 각각의 원 안에 들어 있는 모눈의 개수를 세어 나갑니다.

이 작업은 원의 넓이를 구하는 공식으로 이어집니다. 원의 넓이를 구하는 공식이라고 하면 '반지름 × 반지름 × 3.14'인데, 이 원주율(3.14)을 이끌어내기 위해서 '실제로 모눈을 세어보는 것'입니다.

이제부터는 초등학생이 된 기분으로 실험을 해봅시다. [그림 6]은 반지름이 2cm인 원 안에 있는 모눈(이 경우는 가로, 세로가 1mm인 정사각형)의 개수를 세어본 것입니다.* 경계를 짓는 방법으로는 썩 괜찮아 보이는데, 초등학생이 한다면 이런 느낌일 것이라고 생각합니다.

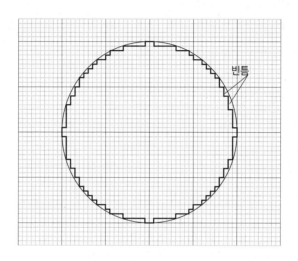

[그림 6] 모눈종이 실험! 조금 정확하지 않더라도

모눈의 개수는 모두 1188개입니다. 넓이로 나타내면 11.88cm²입니다.

원의 넓이는 '반지름 × 반지름 × 원주율'입니다. 이 실험은 원주율을 구하려는 것이므로 식을 변형하여 '원주율 = 넓이 ÷ (반지름 × 반지름)'

---

* 모눈이 완전히 원의 안쪽에 있는 것만 세든지 아니면 원에서 비어져 나와 있어도 일부가 원의 안쪽에 있으면 세든지, 어느 쪽이건 상관없다. 어느 쪽이건 한 가지를 결정하면 그 방식을 바꾸지 않고 계속 유지하는 것이 중요하다. 여기서는 '원의 안쪽에 있는 모눈의 개수'를 세는 방식으로 세어보았다.

으로 놓고 계산해봅시다. 이 예에서는 반지름이 2이므로 2의 제곱인 4로 나누어보면 2.97이라는 결과가 나옵니다.

음, 3.14와 견주면 꽤 작네요. 조금 유감스럽기는 하지만 실험이란 이런 것입니다. 그렇더라도 '원주율, 곧 π는 아주 대략적으로 3에 가까운 수가 될 것이다'라는 느낌은 들지요.

모눈을 더욱 잘게 하거나 원을 크게 하면, 모눈의 넓이를 모두 더한 값은 원의 넓이를 구하는 공식 '반지름 × 반지름 × 3.14'로 구하는 값에 가까워집니다. 곧 원주율

$$\frac{(\text{모눈 1개의 넓이}) \times (\text{모눈의 개수})}{(\text{반지름})^2}$$

는 3.14에 조금 더 가까운 수가 됩니다. 이와 같이 원의 넓이를 모눈의 개수로 치환함으로써 구하고자 하는 값에 차츰 가까워지는 이런 것을 '근사'라고 합니다. 필자도 초등학생 때 가끔 실험해본 것인데, 모눈의 개수를 열심히 세어 이해했을 때의 뿌듯함은 수십 년이 지난 지금도 잘 기억납니다.

덧붙여서, 여러분 가운데에는 다음과 같은 의문이 드는 사람도 있을지 모르겠습니다.

 모눈으로는 아무리 해도 사각이 안 되는 곳을 채우지 못해 빈틈이 생긴단 말이에요. 이것은 어떻게 하면 좋은가요?

 빈틈이 마음에 걸리지 않을 만큼 모눈을 계속 작게 만들어간다면?

알베르트 박사가 답을 하는 방식은 교사들이 상투적으로 사용하는 수단인데 약간의 속임수가 있습니다. 왜냐하면 곧바로 다음과 같은 의문이 떠오르기 때문입니다.

'빈틈이 마음에 걸리지 않을 만큼'이란 구체적으로 어떤 것인가? 마음에 걸리든지 걸리지 않든지, 어떻든 빈틈이 생긴다는 것에는 변함이 없지 않을까?

이런 것은 언뜻 시시한 의문이라고 생각할 수도 있지만, 고등수학에서는 미묘한 문제를 포함하게 됩니다. 결론부터 말하자면, 이 의문을 해결하려면 도형을 안쪽과 바깥쪽에서 근사시키는 '협공의 원리'를 사용할 필요가 있습니다. 앞의 예에 적용해서 '원의 안쪽에 있는 모눈'의 개수를 세고, 마찬가지로 '원에 걸쳐 있는 모눈'도 포함해서 개수를 센 다음 원주율을 계산하면,

(안쪽의 모눈을 세어 계산한 원주율) < (진짜 원주율) < (원에 걸쳐 있는 모눈도 세어 계산한 원주율)

이 됩니다. 모눈의 크기를 점점 작게 만들어가면 '안쪽의 모눈을 세어 계산한 원주율'과 '원에 걸쳐 있는 모눈까지 다 세어 계산한 원주율'이 차차 가까워집니다. 둘 다 진짜 원주율에 가까워지게 되는 것입니다. 이것이 '협공의 원리'입니다. 이런 식으로 미적분에서는 너무 세세한 것까지는 마음에 두지 않는 태도도 중요합니다.

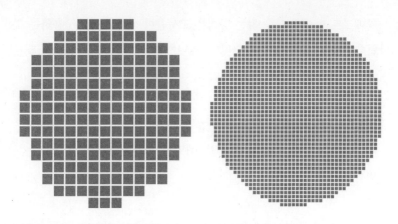

[그림 7] 원을 작은 모눈의 모음으로 근사시킨다

[그림 7]은 원을 크기가 다른 모눈으로 근사시킨 것입니다. 왼쪽의 모눈은 크고 오른쪽은 작습니다. '대략적인 도형을 점점 더 세밀하게 만들어가면 본래의 것(원)과 그다지 다르지 않음'을 알 수 있습니다. 우툴두툴하던 도형이 정밀도가 충분히 높아지면 매끄러운 도형과 거의 분간이 안 됩니다.

텔레비전과 컴퓨터의 액정 화면도 이 원리로 화상을 나타냅니다. 그러나 아주 미세하게 우툴두툴하므로 우리 눈에는 매끄러운 선처럼 보이는 것입니다. 바꾸어 말하면, 본래의 원은 한없이 미세한 모눈으로 만든 우툴두툴한 도형, 곧 우툴두툴한 도형의 '극한'이라고 생각할 수 있습니다. 수학에서 근사란 엄청나게 안성맞춤인 '방법'입니다. 만일 매끄러운 선을 완벽히 재현해야 한다고 생각했다면 액정 화면은 태어나지 못했을 것입니다. 굳이 완벽을 목표로 하지 않는, 근사라는 방법 덕분에 획기적인 기술이 생겨날 수 있었습니다.

● 합을 이용해 적분을 한다

초등학교에서는 원의 넓이를 계산할 때 그 원을 '정사각형'을 이용해 구획 지었습니다. 그 까닭은 사실 단순합니다. '모눈종이의 격자가 정사각형이기 때문'입니다.

원의 넓이를 구하기 위해서는 어쨌든 원을 잘게 구획 짓는 것이 요령입니다. 그런데 원을 구획 짓는 도형이 꼭 정사각형이어야만 하는 건 아닐 것입니다. 이번에는 원을 '길고 가느다란 띠'로 나누어 넓이를 구하기로 합시다. 이를테면 **[그림 8]**과 같이 원을 길고 가느다란 띠 모양 직사각형의 모음으로 구획 지어봅니다.

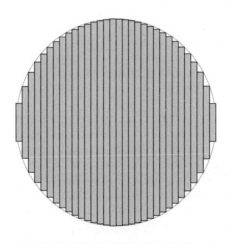

[그림 8] 원을 직사각형으로 구획 짓는다

 아까부터 넓이 계산만 하는데, 이게 정말로 미적분과 관계가 있나요? 적분 기호 같은 게 전혀 안 나오는군요.

'넓이를 계산하는 것 자체가 적분이다'라고 말했었지요. 자기가 하고 있는 작업의 의미가 무엇인지 알려고 하지 않고, 기호만 외우는 것은 의미가 없어요.

하지만 이야기가 나왔으니까 이제 슬슬 적분 기호를 사용해봅시다. 지금부터는 수식이 등장하기는 하겠지만 여태 이야기한 것과 내용은 완전히 같으므로 즐거운 마음으로 읽어주기 바랍니다. 어떤 업계든지 그 업계 사람들이 말할 때 업계 용어를 사용하는 것과 마찬가지로, 수학도 기호를 사용하면 같은 내용이라도 좀 더 그럴 듯해 보이는 거라고 생각해주세요.

[그림 9]는 '너비가 아주 좁은 띠로 원을 자른 것'입니다. 수평 방향으로는 x축이 놓입니다. 이때 원을 자른 선과 x축은 정확히 수직 관계에 있습니다.

여기서 너비가 Δx인 좁은 띠를 하나 끄집어내어 봅시다. Δ는 그리스 문자로 델타라고 읽는데, 차(difference)를 나타내는 기호로서 매우 작은 값을 나타냅니다.

이 좁은 띠의 넓이를 수식으로 나타내봅시다.

$$\text{좁은 띠의 넓이} = (x\text{에서 구한 좁은 띠의 길이}) \times \Delta x$$

왜 좁은 띠의 넓이를 구하는가 하면, 이것을 이용해 원의 넓이를 계산할 것이기 때문입니다. 그림에서처럼 촘촘하게 놓인 좁은 띠의 넓이를 모두 더한 값이 원의 넓이가 됩니다. 구체적으로는 좁은 띠의 왼쪽 끝(의 x좌표)부터 오른쪽 끝(의 x좌표)까지 모두 더하면 됩니다.

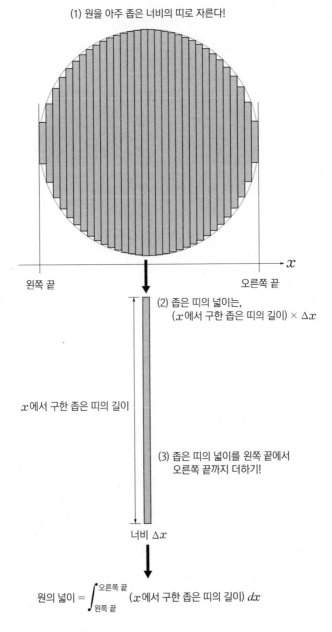

(1) 원을 아주 좁은 너비의 띠로 자른다!

x

왼쪽 끝

오른쪽 끝

(2) 좁은 띠의 넓이는,
(x에서 구한 좁은 띠의 길이) $\times \Delta x$

x에서 구한 좁은 띠의 길이

(3) 좁은 띠의 넓이를 왼쪽 끝에서
오른쪽 끝까지 더하기!

너비 Δx

$$원의\ 넓이 = \int_{왼쪽\ 끝}^{오른쪽\ 끝} (x에서\ 구한\ 좁은\ 띠의\ 길이)\, dx$$

[그림 9] 원의 넓이를 적분 기호로 쓰면…

여기서 좁은 띠의 너비를 차츰 좁혀갑니다. 구간을 더 이상 좁게 나눌 수 없을 정도라고 할 한계까지 가늘게 만들어갑니다. 그러면 좁은 띠는 직사각형이라기보다는 오히려 '한 가닥의 실'처럼 보이게 될 것입니다. 그리고 그 무수한 '실'을 다 더하면 '진짜 원의 넓이'에 더욱 가까워질 것입니다. 이것을 적분 기호로 다음과 같이 씁니다.

$$\int_{\text{왼쪽 끝}}^{\text{오른쪽 끝}} (x \text{에서 구한 좁은 띠의 길이}) \, dx$$

알파벳 S를 세로로 잡아 늘인 것 같은 기호는 '인티그럴'이라고 읽습니다. 적분이란 원래 '합'입니다. 그래서 합을 의미하는 라틴어 summa(수머)의 머리글자를 따서 S를 썼다고 합니다. 라이프니츠(G. W. Leibniz, 1646~1716)라고 하는 수학자(겸 철학자)가 고안했습니다.

 처음에 Δx였던 기호가 어느 순간엔가 dx로 바뀌었네요. 이 둘은 의미가 다른가요?

 그렇습니다. 좀 미묘하기는 하지만 dx라는 것은 '너비 Δx를 0에 근사시킨 것'을 나타냅니다.

델타(Δ)와 d에 관해서 조금 덧붙여 보겠습니다.

Δ와 d, 둘 다 '차 = difference'에서 유래한 기호입니다. 둘의 다른 점은 Δ는 '근삿값'이지만 영어 소문자 d는 '참값'이라는 점입니다.

참값이라는 것은 이를테면 원주율 π의 경우 3.14는 근삿값이고 3.14159265358979323846264338327···으로 한없이 이어지는 것이 원주율의 '참값'입니다. 근삿값은 어딘가에서는 맞지 않게 되어버리지만, 참값은 '어디까지라도 맞는 값'입니다.

　그러므로 dx라는 것은 '본래는 Δx라는 너비를 가진 좁은 띠로 계산하던 것을 띠의 너비를 0에 가깝게 해서 참값으로 한 것'이라는 의미로 생각하기 바랍니다. 정리하자면 델타(Δ)와 d는 각각 다음과 같은 때에 사용합니다.

> 그리스 문자 델타(Δ): 너비가 있을(0보다 클) 때
> 영어 소문자 d: 너비를 0에 근사시켜 계산할 때 그 궁극의 값에 대해

　또한 미적분에는 여러 가지 수식과 기호가 나오는데 처음부터 완벽하게 이해하지 못해도 괜찮습니다. Δ와 d의 차이에 대해서도 마찬가지입니다.

● '참값에 근사시킨다'라는 것은?

좁은 띠의 너비 Δx를 0에 근사시키면 '참값'에 가까워진다는 것을 제 눈으로 확인해보고 싶은데요.

당연한 요구입니다. 확인해볼까요?

좁은 띠의 너비를 차츰 미세하게 만들어서 원의 넓이를 계산해봅시다. 나중에 계산하기 쉽도록 반지름이 1cm인 원을 생각합니다(**그림 10**). 이 원의 안쪽에 가지런히 좁은 띠를 그리고, 모든 띠의 넓이를 다 더하면 어떻게 될까요?

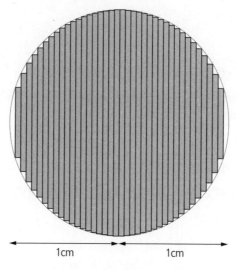

1cm   1cm

[그림 10] N개의 좁은 띠로 나눈다

여기서 좁은 띠의 개수를 N이라고 합시다. 지름 2(지름은 반지름 1의 2배이므로)를 좁은 띠의 개수(N)로 나누면 좁은 띠 하나의 너비 Δx가 나옵니다. 곧, Δx는 $\dfrac{2}{N}$가 됩니다. 너비가 Δx인 좁은 띠의 넓이를 모두 더한 값은, 좁은 띠의 개수(N)가 늘어나면 어떻게 달라질까요? 실제로 확인해봅시다. 결과는 **〈표 1〉**과 같습니다.

N	합계
10	2.637049
20	2.904518
40	3.028465
200	3.120417
2000	3.139555
20000	3.141391

〈표 1〉은 좁은 띠의 개수가 10개일 때부터 20000개일 때까지 넓이를 계산한 것입니다. 개수(N)가 20000개일 때 좁은 띠 하나의 너비 Δx는 반지름의 10000분의 1, 겨우 0.0001cm입니다.

흥미로운 결과인데, 10개일 때 넓이의 합은 2.637049로 3.14…과 전혀 비슷하지도 않은 수입니다. 좁은 띠의 개수가 20000개가 되면 넓이의 합은 3.141391이 됩니다. 좁은 띠의 개수가 늘어남에 따라 넓이의 합이 3.141592… = π에 가까워지는 것을 실감할 수 있을 것입니다.

좁은 띠의 너비가 0.0001cm라는 것은 상당히 작은 값이지만, 이 역시도 큰 편입니다. 실제로 적분 계산을 한다면 0.0001cm보다 더욱 작게, 더욱 더 0에 가까이 가게 해야 합니다.

2
사고 실험 두 가지

● **타원의 넓이**

적분에서는 오로지 도형을 좁게 잘라서 모두 합칩니다. 도대체 이 방법의 어떤 점이 그렇게 뛰어난 것일까요? 요약하면 '아무리 복잡한 도형이라도 그 넓이를 단순한 도형의 넓이의 합으로 나타낸다'는 것입니다.

원을 변형한 도형 중에 타원이 있습니다. 타원은 [**그림 11**]과 같이 원을 한쪽 방향으로 잡아 늘인 도형입니다.

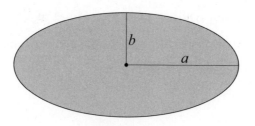

[**그림 11**] 타원

[**그림 11**]에서는 가로 방향으로 잡아 늘였지만, 세로 방향으로 잡아 늘이는 것도 마찬가지입니다. 우리 주변에는 타원과 비슷한 도형이 많

이 있습니다. 접시와 탁자 같은 물건들과, 나뭇잎처럼 식물 중에도 타원에 가까운 것이 있습니다(**그림 12**).

[**그림 12**] 타원 모양의 사물들

이러한 타원의 넓이는 어떻게 계산할까요? 원과도 다르고, 직사각형 안에 꼭 끼이게 해도 오차가 상당히 큽니다(**그림 13**).

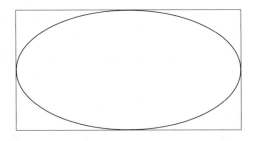

[**그림 13**] 직사각형 하나에 근사시키는 것은 너무 지나치다

마름모꼴로도 소용없고, 삼각형으로도 어림없습니다. 타원의 넓이를 구하는 공식이 필요할 것 같습니다. 직사각형, 삼각형, 마름모꼴, 사다리꼴, 원 그리고 타원의 넓이를 구하는 공식이 있다면 주변의 많은 형상들의 넓이를 거칠게라도 알 수 있을 것입니다.

사실 타원의 넓이를 구하는 데에는 특별한 지식이 필요 없습니다. 중요한 것은 원의 넓이를 구할 때처럼 '적분하는 사고방식'을 적용하는 것입니다. 초·중학교에서 타원의 넓이를 배운 것 같지는 않지만 적분을 연습하는 데에 아주 적합합니다. 어떠한 공식이 있을까요? 사고 실험을 해봅시다.

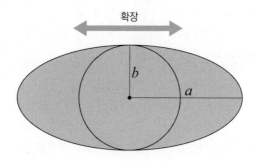

[그림 14] 원을 가로 방향으로 길게 늘인 타원

[그림 14]는 원을 가로 방향으로 길게 늘인 것 = 타원입니다. 이 타원을 '세로로 긴 직사각형'으로 구획 짓는 방법을 생각해봅시다.

그런데 단순히 '타원을 직사각형으로 구획 짓는 것'만으로는 별 의미가 없습니다. 그래서 '원을 직사각형으로 구획 지어놓고, 그 원을 가로로 늘이기'로 합니다. 원을 가로로 늘이면 구획 짓는 직사각형들도 가로로 늘어나겠지요. 이렇게 생각하는 게 이해가 빠를 것입니다.

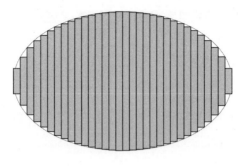

[그림 15] 원을 가로로 확장하면 타원이 된다

직사각형은 아코디언을 펼쳤을 때처럼 모두 다 가로로 늘어날 것입니다(**그림 15**). 얼마만큼 늘어날까요? 직사각형 하나를 끄집어내어 살펴봅시다.

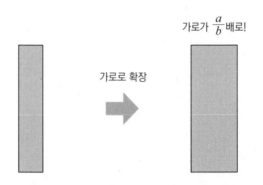

가로가 $\frac{a}{b}$ 배로!

가로로 확장

[그림 16] 직사각형도 가로로 늘어난다

이렇게 하면 **[그림 16]**처럼 세로의 길이는 바뀌지 않고 가로의 너비만 $\frac{a}{b}$ 배로 늘어납니다. 이와 같이 직사각형이 가로로 늘어난 정도를 떠올리면, 계산을 할 수 있는 실마리가 생깁니다. 곧 '타원의 넓이는 원의 넓이를 몇 배로 한 것일까?' 하는 문제로 전개될 수 있기 때문입니다.

타원을 좁게 잘라서 만든 직사각형 하나를 보면, 원을 좁게 잘라서 만든 직사각형 하나 넓이의 $\frac{a}{b}$배가 될 것입니다. 그렇다면 '타원으로 늘어남으로써, 원을 구획 짓고 있던 모든 직사각형은 넓이가 $\frac{a}{b}$배'가 되는 것입니다.

결국 $\frac{a}{b}$배가 된 직사각형의 넓이를 모두 더한 것이 타원의 넓이가 되므로

$$\text{타원의 넓이} = (\text{본래 주어진 원의 넓이 } \pi b^2) \times \frac{a}{b} = \pi\,ab$$

가 됩니다. 거꾸로 생각하면 'a와 b의 길이가 같은 경우는 원의 넓이를 구하는 공식이 된다'는 사실도 알 수 있을 것입니다.

적분의 요령

도형을 직사각형으로 분해하고 나서 늘이거나 줄인다.

● 지구의 부피

갑작스런 물음이지만, 지구의 부피를 아나요?

반지름을 아니까, 구의 부피를 구하는 공식으로 계산하면 되지 않을까요?

그런데 지구의 모양은 구가 아닙니다. 지'구'라는 이름과는 어긋나는 것이지요.

지구의 반지름에는 특별히 붙여진 이름이 있습니다. 지구의 중심부터 적도까지의 거리는 '긴반지름', 중심부터 북극(남극)까지 거리는 '짧은반지름'이라고 합니다. 두 개의 이름대로 지구는 반지름의 길이가 다릅니다. 정밀하게 재면 긴반지름은 약 6378km이고 짧은반지름은 6357km입니다. 20km 남짓이나 차이가 납니다.

[그림 17] 지구가 둥글지 않다고?

지구는 하루에 한 바퀴 회전(자전)하는데 그 속도가 아주 대단합니다. 적도에서는 시속 1700km에 이르는데 이는 음속의 1.38배나 되는 빠르기입니다. 그런 엄청난 속도로 회전하는 모습을 상상해보세요. 원심력 때문에 가로 방향으로 조금 늘어나는 것도 무리는 아니겠구나 하는 생각이 들지 않나요?

이런 도형을 '회전 타원체'라고 부릅니다. 지구도 같습니다. 자전축 방향(위나 아래)에서 보면 원으로 보이겠지만 자전축과 수직인 방향

(옆)에서 보면 타원으로 보입니다. [그림 18]은 한 번에 보고 알기 쉽게 조금 과장해서 그려 놓았습니다.

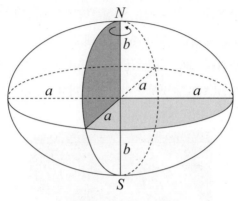

[그림 18] 회전 타원체

회전 타원체의 부피를 구하려면 어떻게 생각해보아야 할까요? 이때에도 도형을 같은 간격으로 자르는 '얇게 썰기' 작전이 등장합니다. [그림 19]와 같은, 삶은 달걀을 얇게 썰 때 사용하는 계란 절단기로 잘랐을 때의 이미지를 떠올리면 쉽습니다.

[그림 19] 계란 절단기

이번에는 회전 타원체를 가로 방향으로 얇게 자를 텐데, 자르는 방향이 달라도 생각하는 방법은 마찬가지입니다.

가로로 자르면 회전 타원체는 얇은 원판을 겹쳐놓은 듯한 모양이 될 것입니다(**그림 20**). 회전 타원체의 부피는 이와 같은 '얇은 원판을 겹쳐 쌓아놓은 것'을 이용해서 계산할 수 있습니다. 원판을 겹쳐서 쌓는 방향을 x축으로 합니다. 여기서는 수직 방향입니다. 그러므로 원판의 단면과 x축은 수직이 됩니다. 원의 넓이를 적분 기호로 나타냈을 때와 마찬가지입니다.

x에서 두께가 Δx인 얇은 원판을 잘라내어 봅시다. 그러면 이 원판의 부피는

$$\text{원판의 부피} = (x\text{에서 구한 단면적}) \times \Delta x$$

라는 식으로 나타낼 수 있습니다.

그렇다면 '많은 원판들을 맨 아래(의 x좌표)부터 맨 위(의 x좌표)까지 모두 더하면, 그 합계가 회전 타원체의 부피'가 될 것입니다. 이 회전 타원체의 부피도 적분 기호를 써서 나타낼 수 있습니다.

Δx를 차츰 작게 해 나가면 원판의 부피를 더한 합계는 더욱 더 '주어진 회전 타원체의 부피'에 가까워질 것입니다. 이것을 식으로 나타내면 회전 타원체의 부피는

$$\int_{\text{맨 아래}}^{\text{맨 위}} (x\text{에서 구한 단면적})\, dx$$

가 됩니다. 원의 넓이를 계산했을 때(28쪽)와 아주 비슷한 수식입니다.

(1) 회전 타원체를 얇은 원판으로 썬다!

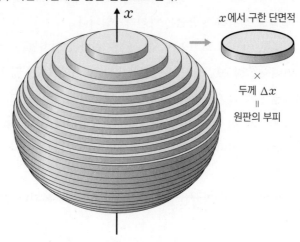

x에서 구한 단면적

×
두께 Δx
＝
원판의 부피

(2) 원판의 부피는, (x에서 구한 단면적) × Δx

(3) 원판의 부피를 아래부터 위까지 더하기!

$$\int_{\text{맨 아래}}^{\text{맨 위}} (x\text{에서 구한 단면적})\, dx$$

[그림 20] 회전 타원체의 부피를 적분 기호로 나타낸다

적분 기호를 어떻게 사용하는지 이제 그 방법이 보이기 시작하나요?

 기호는 알았으니까, 이제 슬슬 본래의 주제로 돌아가요.

 아, 그러니까 우리는 '지구의 부피를 계산한다'는 문제를 생각하고 있었군요.

지구의 부피 이야기로 돌아갑시다. 앞에서 보았던 38쪽의 [그림 18]에서처럼 회전 타원체의 긴반지름을 a, 짧은반지름을 b라고 합시다. 그러면 '회전 타원체는 반지름이 a인 구를 세로 방향으로 $\dfrac{b}{a}$배 한 것이다'라고 생각할 수 있습니다. 구를 '얇게 썬 원판들의 모음'이라고 한다면 회전 타원체는 '(구를 잘라 만든) 많은 얇은 원판의 두께를 모두 $\dfrac{b}{a}$배 한 것'이라고 말할 수 있을 것입니다.

곧, 회전 타원체의 부피는 반지름이 a인 구의 부피를 $\dfrac{b}{a}$배 하면 됩니다. 반지름이 a인 구의 부피를 구하는 공식은 $\dfrac{4}{3}\pi a^3$이고, 회전 타원체의 부피는 이것의 $\dfrac{b}{a}$배입니다. 이것을 공식으로 정리하면 다음과 같습니다.

회전 타원체의 부피

$$= \int_{\text{맨 아래}}^{\text{맨 위}} (x\text{에서 구한 단면적}) \times dx$$

$$= (\frac{4}{3}\pi a^3) \times \frac{b}{a} = \frac{4}{3}\pi a^2 b$$

여기에서 계산하는 방법은 몰라도 식의 의미만 알면 됩니다.

이 공식에다가 지구의 긴반지름 $a = 6378$km, 짧은반지름인 $b = 6357$km를 대입하면 됩니다. π를 3.14로 하여 계산하면 지구의 부피는 약 1.08×10^{12}km³가 됩니다.* 이것은 한 변이 10000km인 정육면체와 대체로 비슷한 부피입니다.

---

* GRS80(인공위성으로 측량한 국제 지구 타원체 기준)에 의한 더욱 정확한 값은 1.083207×10^{12}km³이다.

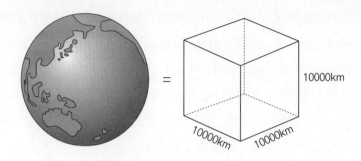

10000km

10000km 10000km

[그림 21] 지구의 부피는 한 변이 10000km인 정육면체의 부피와 거의 같다

그냥저냥 계산해낸 것치고 뜻밖에 깔끔한 수가 되는 것이 흥미롭습니다.

3

단면을 보자

● 카발리에리의 원리

다음과 같은 사고방식이야말로 적분법의 기원입니다.

적분의 요령

도형이나 입체를, 얇게 썰어낸 것들의 모음으로 생각한다.

17세기 이탈리아의 수학자 카발리에리(B. F. Cavalieri, 1598~1647)는 여기에서 출발해 위대한 발견을 했습니다.

[그림 22] 같은 카드 한 뭉치를 두 가지 방법으로 놓아본다

[그림 22]는 '카드를 직육면체 모양으로 놓은 것(왼쪽)'과 '그 카드를 비틀어 놓은 것(오른쪽)'입니다. 카드 한 뭉치를 하나의 입체라고 보면 왼쪽과 오른쪽은 형태가 전혀 다릅니다. 이 두 입체는 어느 쪽이 부피가 더 클까요? 답은 물론 '같다'입니다. 같은 카드이니까 당연한 결과이지만, 사실은 이것이 현대적인 적분법(부피를 구하는 기술)의 시작입니다.

카발리에리는 '단면의 넓이가 언제나 같은 두 입체는 부피가 같다'는 것을 발견했습니다. 이것을 카발리에리의 원리라고 합니다.

이를테면 '두 사람의 허리둘레가 같다면 두 사람의 부피도 같다'는 그런 말인가요?

그건 아닙니다. 허리둘레가 같을 뿐 아니라, 단면의 넓이가 '언제나' 같지 않으면 안 됩니다. 어느 곳이든 단면의 넓이가 늘 같은 사람이 두 명 있다면 그 두 사람은 부피가 같습니다.

카발리에리의 원리를 바꿔 말하면 다음과 같습니다.

모든 단면의 넓이가 같으면 '입체의 모양과 관계없이' 부피가 같다.

입체가 아니라 평면 도형의 경우는 어떨까요? [그림 23]을 봅시다. 한 변의 길이가 1인 정사각형을 지금까지 하던 대로 가늘고 긴 띠로 자른 다음, $y = x^2$인 포물선을 따라 밀어올려 보았습니다. 그리고 좁은 띠의 너비를 한없이 줄여가면, 보는 바와 같이 정사각형이 포물선을 따라 휘어지면서 청포묵으로 만든 것처럼 구부러진 도형이 생겨납니다.

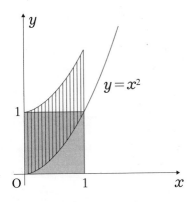

[그림 23] 정사각형을 포물선을 따라 밀어놓는다

이 휘어진 도형을 수식으로 나타내면, $y = x^2$과 $y = x^2 + 1$의 그래 프 사이에 놓인 도형이라고 말할 수 있습니다(**그림 24**). 두 포물선 사이에 끼인 도형의 넓이는 어떻게 구하면 될까요?

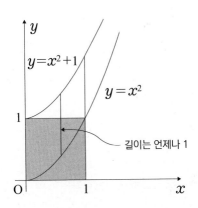

[그림 24] 수식을 사용해 정사각형을 밀어놓는다

여기서 이 휘어진 도형을 세로로 지르고 있는 선분의 길이를 생각해

봅시다.

좁은 띠는 단지 포물선을 따라 미끄러지듯 옮겨져 놓인 것일 뿐이므로 길이는 변하지 않습니다. 따라서 이 휘어진 도형을 y 축에 평행하게 세로로 잘라서 생긴 선분의 길이는 어느 것이든 1이 됩니다. 또 넓이는 좁은 띠를 모두 더한 것이므로 휘어진 도형의 넓이도 본래 정사각형의 넓이와 같은 1이 됩니다.

카발리에리의 원리가 평면도형에도 멋지게 적용되고 있음을 알 수 있습니다. 평면도형의 경우는 '잘라서 생긴 선분의 길이가 언제나 같은 두 평면도형은 넓이가 같다'는 것이 됩니다. 놀랄 만한 발견이지요?

 저에게는 휘어진 도형을 잘라서 생긴 선분의 길이가 모두 같아 보이지는 않는데요.

 그것은 눈의 착각입니다. 자로 재어보면 확인할 수 있습니다.

● 3분의 1의 원리

적분의 요령

카발리에리의 원리를 능숙하게 사용한다.

고등학교 교과서에는 나오지 않을지도 모르지만, 카발리에리의 원리는 적분법의 바탕이 되는 기본 사고방식입니다. 이것을 여러 가지 경우에 응용할 수 있습니다. 예를 하나 들어볼까요?

여러분은 중학교 때

$$원뿔의 \ 부피 = 밑넓이 \times 높이 \times \frac{1}{3}$$

이라는 공식을 외운 적이 있을 것입니다.

[그림 25] 원뿔

 그러고 보니, 3분의 1이라는 수는 어디에서 왔을까요?

 좋은 질문입니다. 이제 카발리에리의 원리를 알게 되었으니, 이 3분의 1의 수수께끼도 풀 수 있습니다!

3분의 1의 원리를 생각해볼 수 있게, 공식을 사용하지 않고 원뿔의 부피를 계산해봅시다. 물론 공식 없이 원뿔의 부피를 계산하는 데는 세밀한 작업이 필요합니다. 여기에 또다시 얇게 썰기 방식이 사용됩니다. 먼저 사각뿔의 부피부터 생각해봅시다.

왜 원뿔이 아니라 사각뿔을 다루는 건가요?

 조금이라도 쉽게 생각해볼 수 있게 하려는 것이지요.
앞에서 '모든 도형은 직사각형으로 통한다'라고 말했지요.

왜냐하면 밑면이 원이 아니라 직사각형인 쪽이 가늘게 자르기 쉽기 때문입니다. 곧, 적분의 방법으로 생각하기가 쉽기 때문이지요. 적분을 생각할 때는 도형을 직사각형으로 귀착시키는 것이 하나의 요령입니다.

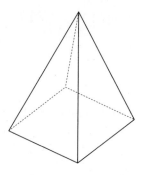

[그림 26] 일반적인 사각뿔

그러나 될 수 있으면 조금이라도 더 쉽게 생각하는 게 좋지요. 그래서 사각뿔의 밑면은 정사각형으로 하고, 높이는 밑면의 한 변의 길이와 같게 합니다. 이를테면 **[그림 27]**의 왼쪽과 같은 형태입니다.

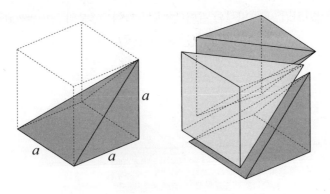

[그림 27] 정육면체를 세 개의 사각뿔로 나눈다

[그림 27]의 오른쪽 그림은 정육면체를 세 개의 사각뿔로 나눈 것입니다. 이해하기 어려울지 모르겠지만, 이 세 개는 '완전히 같은 모양'입니다. 언뜻 다른 형태처럼 보이지만 보는 방향이 달라서일 뿐입니다. 세 개의 사각뿔의 모양이 같으므로 사각뿔 하나의 부피는 정육면체 부피의 3분의 1일 것입니다. 곧, 사각뿔 하나의 부피는 a^3의 3분의 1인 $\frac{1}{3}a^3$이 됩니다.

 정말 그렇군요. 그런데 정육면체처럼 형태가 단순한 것을 나누었기 때문에 잘 구할 수 있었던 게 아닌가요?

 당연하지요. 그렇다면 정육면체의 높이가 변한다든지 밑면이 직사각형이 되는 경우에는 어떻게 될까요? 한번 시도해봅시다.

그러면 첫 번째로 '정육면체의 높이가 변하는 경우'를 검증해봅시다.

[**그림 28**]처럼 세로 방향의 길이(높이)를 늘여도 3분의 1이 될까요?

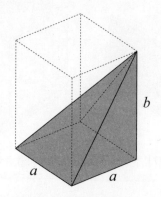

[**그림 28**] 세로 방향으로 늘인 경우

높이를 a에서 b로 늘이면 정육면체가 직육면체로 변합니다. 이 직육면체의 부피는 정육면체 부피의 $\dfrac{b}{a}$배, 곧 $a^3 \times \dfrac{b}{a} = a^2 b$가 될 것입니다. 이렇게 될 때 사각뿔의 부피가 어떻게 변화하는지를 생각해봅시다.

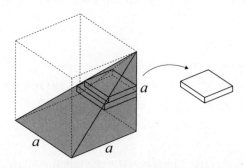

[**그림 29**] 사각뿔을 얇은 직육면체를 쌓아 만든 것으로 본다

이를 살펴보기 위해서 본래의 사각뿔(**그림 27**의 사각뿔)을 수평 방향으로 얇게 자른 직육면체를 많이 만듭니다(**그림 29**). 이때 본래의 사각

뿔이 세로로 긴 사각뿔이 되면, 얇게 자른 직육면체도 높이가 모두 $\frac{b}{a}$ 배가 될 것입니다.

그리고 얇게 자른 직육면체를 쌓아놓은 것이 세로로 긴 사각뿔이므로 그 사각뿔의 부피도 $\frac{b}{a}$배가 될 것입니다. 곧,

$$\frac{1}{3}a^3 \times \frac{b}{a} = \frac{1}{3}a^2b$$

가 됩니다.

새로운 직육면체의 부피(a^2b)와 새로운 사각뿔의 부피($\frac{1}{3}a^2b$)는 어느 쪽이든 본래의 입체 부피의 $\frac{b}{a}$배가 됩니다. 그러므로 '사각뿔의 부피는 직육면체 부피의 3분의 1이다'라는 것에는 변함이 없습니다.

두 번째로 '밑면이 직사각형인 경우'에 대해서도 조사해봅시다. 세로 방향으로 늘인 [그림 28]의 사각뿔을 가로 방향으로도 늘여 [그림 30]과 같이 만듭니다. 이 경우에도 부피가 분명히 3분의 1이 될까요?

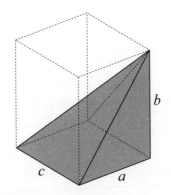

[그림 30] 가로 방향으로도 늘인 경우

조금 전과 마찬가지로 사각뿔을 수평으로 잘라 얇은 직육면체를 많

이 만드는 것을 생각해봅시다. 그 직육면체들의 가로 길이는 $\frac{c}{a}$배가 됩니다. 그러므로 사각뿔의 부피도 $\frac{c}{a}$배가 될 것입니다. 곧, 사각뿔의 부피는

$$\frac{1}{3}a^2b \times \frac{c}{a} = \frac{1}{3}abc$$

가 됩니다. 직육면체의 부피도 $\frac{c}{a}$배가 되므로 $a^2b \times \frac{c}{a} = abc$입니다.

어느 것이든 $\frac{c}{a}$배가 되므로 사각뿔의 부피는 직육면체 부피의 3분의 1이 됩니다. 따라서 직육면체를 [그림 30]과 같이 가로 방향으로 늘인 경우의 사각뿔의 부피도 결국,

$$\text{사각뿔의 부피} = \frac{1}{3} \times \text{직육면체의 부피}$$

가 된다는 것을 확인할 수 있습니다. 여기서는 가로 방향으로 늘어난 예를 다루었지만, 사각뿔의 가로를 줄인 경우에도 같은 요령으로 생각할 수 있습니다.

보통의 사각뿔은 [그림 26]처럼 꼭짓점이 한가운데에 있는 것이 많거든요. 그 경우도 정말로 3분의 1이 되나요?

물론이지요. 여기서 드디어 카발리에리의 원리를 사용합니다.

세 번째의 예로서 '사각뿔의 꼭짓점을 수평으로 옮겨놓는 경우'는 어떻게 될까요?

43쪽의 **[그림 22]**에서 보았던 트럼프 카드의 예와 45쪽의 **[그림 23]**에서 보았던 휘어진 도형의 예와 마찬가지로 사각뿔도 '얇은 카드가 아주 많이 쌓여 있는 것'으로 생각합니다. 그러면 사각뿔의 꼭짓점을 수평으로 옮겨놓아도 단면의 형태는 본래의 사각뿔에 있던 것과 언제나 같을 것입니다.

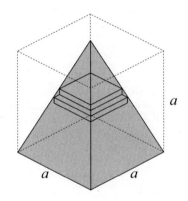

[그림 31] 사각뿔의 꼭짓점을 옮겨놓는다

카발리에리의 원리는 '단면의 넓이가 언제나 같은 두 입체의 부피는 같다'라는 것이었습니다. 따라서 (사각뿔의 꼭짓점이 수평으로 옮겨져 놓여도) 단면의 넓이가 같으므로 부피도 같을 것입니다. 이것으로부터 사각뿔의 부피를 구하는 공식

$$\text{사각뿔의 부피} = \frac{1}{3} \times \text{밑넓이} \times \text{높이}$$

를 얻습니다.

그런데 우리가 풀려고 했던 문제는 원뿔의 부피였는데요.

 그러면 지금까지 생각한 방법을 모두 써서 원뿔의 부피를 계산해봅시다.

원뿔의 부피를 계산하는 경우에도 역시 얇게 썰기 방법을 사용합니다. 이때 어디를 어떤 식으로 썰어야 하는지가 바로 솜씨가 필요한 지점입니다. 24쪽의 **[그림 7]**에서 떠올린 아이디어를 발전시킵시다. **[그림 32]**처럼 밑면을 아주 작은 사각형으로 분할하는 것은 어떨까요? 이렇게 함으로써 '원뿔 = 많은 사각뿔이 모여 있는 것'이라고 생각할 수 있습니다.

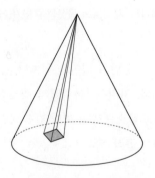

[그림 32] 원뿔을 작은 사각뿔로 분할한다(밑면을 사각형으로 메꾼다)

사각뿔의 부피는 앞서 검증한 대로

$$\frac{1}{3} \times 밑넓이 \times 높이$$

입니다. 따라서 작은 사각뿔 하나의 밑넓이를 ΔS라고 하면, 작은 사각뿔 하나의 부피는

$$\frac{1}{3} \times \Delta S \times 높이$$

가 됩니다. 원뿔의 부피는 이러한 아주 작은 사각뿔의 부피를 모두 더한 것이기 때문에

$$원뿔의 부피 = \frac{1}{3} \times 밑넓이 \times 높이$$

가 될 것입니다. 이것이 원뿔의 부피를 구하는 공식입니다. 사각뿔과 완전히 똑같은 공식이네요. 사고방식을 이해하고 나면 공식을 외울 필요가 없이 직감적으로 바른 이미지가 떠오를 것입니다.

 타원이든 다각형이든, 밑면이 아주 다른 형태일 때의 부피도 계산할 수 있는지요?

 물론이지요. 완전히 똑같은 요령으로 생각할 수 있답니다.

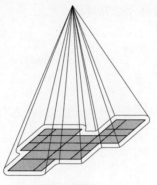

[그림 33] 안쪽부터 근사시킨 것

[그림 33]처럼 부정형인 도형이라도 밑면을 사각형으로 근사시키면 됩니다. 사각뿔과 원뿔에만 한정되지 않습니다. 밑면이 어떤 형태이든지 뿔의 부피를 구하는 공식은 모두 다음과 같습니다.

$$\frac{1}{3} \times \text{밑넓이} \times \text{높이}$$

얇게 썰기 방법은 응용되는 범위가 넓습니다.

● 구의 부피

 꼭짓점을 옮겨놓아도(수평 이동해도) 부피가 같다는 것은 어찌 보면 당연하지 않나요?

 카발리에리의 원리는 그렇게 쉽게만 생각해서 되는 것이 아니랍니다. 정말 대단한 예를 살펴봅시다.

공식 없이 구의 부피를 계산할 수 있는, 아주 독특한 곡예와 같은 방법을 소개합니다.

다음 **[그림 34]**를 봅시다. 왼쪽에 있는 입체는 '반지름이 R인 반구'이고, 오른쪽은 '밑면의 반지름이 R이고 높이도 R인 원기둥으로부터 반지름과 높이가 같은 원뿔을 빼낸 입체'입니다. 입체의 높이는 둘 다 R로 같습니다. 이때 어느 쪽의 부피가 클까요?

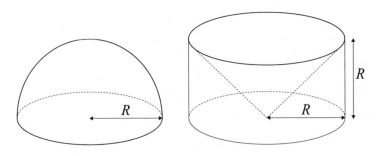

[그림 34] 반구 입체와 원기둥에서 원뿔을 빼낸 입체

카발리에리의 원리에 따르면 아무리 입체의 모양이 달라도 '모든 단면의 넓이가 같다면 두 입체의 부피는 같을 것'입니다. 곧, 단면의 넓이만 알 수 있다면 문제가 해결됩니다.

그래서 단면의 넓이를 계산하기 위해서 두 입체를 높이가 h인 곳에서 싹둑 잘라 보았습니다. 반구(왼쪽)를 일정한 높이에서 잘랐다면 단면은 원이 됩니다. 한편 원뿔을 빼낸 원기둥(오른쪽)의 단면은 구멍 뚫린 동전같이 한가운데를 둥글게 도려낸 형태가 될 것입니다.

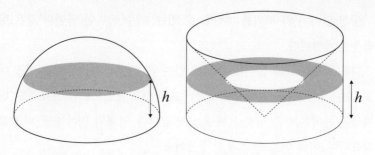

[그림 35] 반구의 단면과 원기둥에서 원뿔을 빼낸 입체의 단면

반구의 단면적은 간단히 구할 수 있습니다. 그렇다면 원뿔을 뺀 원기둥의 단면적은 어떻게 계산하면 좋을까요?

원뿔을 뺀 원기둥을 높이 h에서 잘랐을 때의 단면을 그리면, 마치 도넛을 위에서 내려다본 것 같은 모양이 됩니다(**그림 36**). 도넛 모양의 넓이는 '반지름이 R인 원에서 작은 동심원(도려낸 부분)을 뺀 것'으로 계산할 수 있을 것입니다. 그러려면 구멍(작은 동심원)의 반지름을 알아야 합니다.

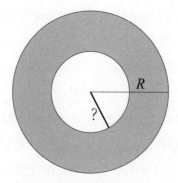

[그림 36] 원기둥에서 원뿔을 뺀 입체의 단면

여기서 작은 원의 반지름을 구하기 위해 본래의 입체로 돌아가 h에서 자르기 전인, 원뿔을 뺀 원기둥을 세로로 정확히 둘로 잘라봅시다.

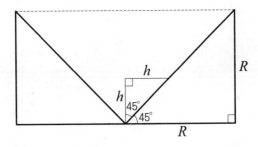

[그림 37] 원기둥에서 원뿔을 뺀 입체를 세로로 자른 것

그러면 정말로 깔끔한 모양의 삼각형이 두 개 나옵니다(그림 37). 둘 다 똑같은 삼각형이므로 오른쪽 삼각형으로 생각해 보겠습니다. 원뿔을 뺀 원기둥의 밑면인 원의 반지름이 R인 점을 생각하면, 이 삼각형은 '밑변이 R이고 높이도 R인 직각이등변삼각형'입니다. 삼각형의 빗변은 $45°$로 기울어져 있습니다. 그러므로 원뿔을 뺀 원기둥을 밑면으로부터 높이가 h인 곳에서 자른 단면의 안쪽 동심원의 반지름의 길이는 높이와 같은 h가 됩니다. 이 반지름의 길이를 이용하면 넓이가 나올지도 모르겠습니다. 느낌이 좋습니다.

이제 반구의 단면적과 원뿔을 뺀 원기둥의 단면적을 차근히 계산해 봅시다. 반구의 단면은 원입니다. 여기서 피타고라스 정리를 이용할 수 있습니다. '직각삼각형의 빗변의 길이의 제곱은 나머지 두 변의 길이의 제곱을 더한 것과 같다'라는 것으로, 아주 잘 알려져 있습니다. 중학교에서 배운 적이 있을 것 같은데, 바로 이것이 쓰입니다.

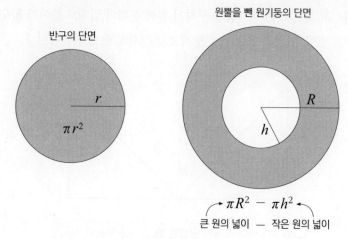

반구의 단면

원뿔을 뺀 원기둥의 단면

r

πr^2

R

h

$\pi R^2 - \pi h^2$

큰 원의 넓이 — 작은 원의 넓이

[그림 38] 단면

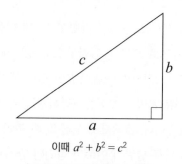

c

b

a

이때 $a^2 + b^2 = c^2$

[그림 39] 피타고라스 정리

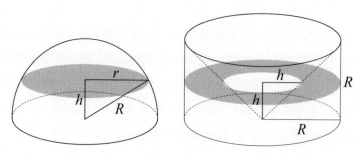

r

h

R

h

R

h

R

[그림 40] 카발리에리의 원리로 구의 부피를 구하는 방법

[그림 40]의 왼쪽처럼 원의 반지름 r는 피타고라스 정리에서 나온 대로 $r^2 + h^2 = R^2$을 만족시킵니다. 따라서 원의 단면적은

$$\pi r^2 = \pi(R^2 - h^2)$$

가 됩니다.

한편 오른쪽의 도넛 모양의 넓이는 '반지름의 길이가 R인 원판에서 반지름의 길이가 h인 원판을 뺀 것'으로 계산할 수 있습니다. 계산해보면 원뿔을 빼낸 원기둥의 단면적은

$$\pi R^2 - \pi h^2 = \pi(R^2 - h^2)$$

가 됩니다.

반구의 단면적과 원뿔을 뺀 원기둥의 단면적을 비교해보면 똑같습니다. 즉 두 입체에서 각각 높이가 h인 지점의 단면적은 같습니다. 카발리에리의 원리는 '잘린 면의 넓이가 언제나 같은 두 입체의 부피는 같다'는 것이었으므로 '반구의 부피는 원뿔을 제외한 원기둥의 부피와 같다'가 됩니다.

이상의 결과를 바탕으로 하여 처음에 말했던 '구의 부피'를 계산해봅시다. 원뿔의 부피를 '밑넓이 × 높이 × $\dfrac{1}{3}$'로 계산하는 것을 이용합니다. 원뿔을 뺀 원기둥의 부피는 원기둥의 부피에서 원뿔의 부피를 빼면 되므로

$$\pi R^2 \times R - \frac{1}{3} \times \pi R^2 \times R = \frac{2}{3}\pi R^3$$

입니다. 원뿔을 뺀 원기둥의 부피와 반구의 부피가 같으므로 원뿔을 뺀 원기둥의 부피를 2배 하면 구의 부피가 나올 것입니다. 따라서

$$구의 부피 = \frac{2}{3}\pi R^3 \times 2 = \frac{4}{3}\pi R^3$$

을 얻을 수 있습니다. 카발리에리의 원리를 사용하면 이런 교묘한 것도 구할 수 있습니다. 쉽게 생각할 수 없는 방법입니다.

 반구와 원뿔을 뺀 원기둥이라니, 눈에 보이는 모양은 전혀 다른데….

 '겉으로 보이는 모양과 관계없이 중요한 것은 넓이'라는 것이 카발리에리의 원리랍니다.

이 아이디어의 핵심은 '부피를 모르는 입체'를 '부피를 알고 있는 입체'와 단면적이 같도록 대응시키는 데에 있습니다. 다른 입체에도 적절하게 적용해서 생각해보면 부피를 계산할 수 있습니다.

적분의 요령

'효과적으로 대응시키는 방법'을 찾는다.

● 구의 겉넓이

카발리에리의 원리를 이용하여 구의 부피는 '원뿔을 제거한 원기둥 부피의 2배'라는 것을 알 수 있었습니다. 이미 원뿔의 부피를 구하는 공식도 이끌어 냈으므로 '구의 부피'는 일단 마무리하는 것으로 하겠습니다.

 구의 겉넓이는 어떻게 구하나요? 이제까지 했던 대로 작은 조각을 모은다고 하는 적분의 사고방식을 적용해 이끌어내면 되나요?

 물론이지요. 구의 겉넓이를 구하는 공식을 무작정 외우지 말고, 스스로 공식을 이끌어내도록 합시다.

정말로 할 수 있을지 궁금합니다. 곧바로 해볼까요? 먼저 겉넓이를 계산하기 위한 준비로, 원의 넓이로부터 원둘레의 길이를 구해봅시다. 그러려면 어떤 방법으로 얇게 썰어야 효과적일까요?

[그림 41]에서는 원을 아주 가느다란 부채꼴로 자릅니다. '부채꼴을 한데 모은 것이 원이다'라고 생각하는 것입니다.

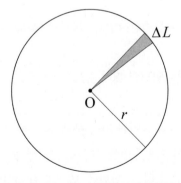

[그림 41] 원을 아주 가는 부채꼴의 모음으로 생각한다

가는 부채꼴의 높이는 거의 원의 반지름, 곧 r가 됩니다. 문제는 밑변인데, 이것을 대략 직선으로 생각하기로 합시다.

'부채꼴의 밑변이 직선'이라는 건 몹시 거친 생각 같아요.

물론, 실제로 밑변은 아주 조금 굽어 있습니다. 그렇더라도 직선이라고 생각하면 계산할 수 있을 듯합니다. 미적분에서는 이런 식으로 생각하면 편리하니까요.

'밑변이 직선이다'라고 생각함으로써 이 부채꼴은 '밑변이 ΔL이고 높이가 r인 이등변삼각형'과 거의 같다고 할 수 있게 됩니다.

적분의 요령

세세한 것보다는 '어떻게 생각하면 계산을 해낼 수 있을까?'를 우선한다.

그러면 부채꼴≒이등변삼각형의 넓이는 다음과 같이 될 겁니다.

$$\text{부채꼴의 넓이} \fallingdotseq (\text{밑변의 길이 } \Delta L) \times (\text{높이 } r) \times \frac{1}{2} = \frac{1}{2} r \Delta L$$

그런데 우리는 '원의 넓이는 가는 부채꼴의 넓이의 합계이다'라고 생각하고 있으므로 이 아이디어를 식으로 정리해 보겠습니다. 밑변의 길이 = ΔL을 아주 짧게 하면 '밑변을 모두 더한 것'이 원둘레의 길이가

될 것입니다. 그러면 원의 넓이는

$$(원의 \ 넓이 \ \pi r^2) = \frac{1}{2}r \times 원둘레의 \ 길이$$

가 됩니다. 이 식을 원둘레의 길이에 대하여 풀면

$$원둘레의 \ 길이 = 2\pi r$$

를 얻게 됩니다.

이와 같이 생각하는 방법을 바탕으로 해서 구의 겉넓이를 계산해봅시다. [**그림 42**]와 같이 구를 아주 가느다란 사각뿔의 모음이라고 생각합니다. 곧, 구의 겉면은 매우 작은 사각형으로 빽빽이 채워지게 됩니다.

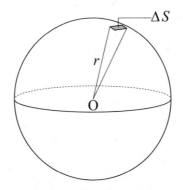

[**그림 42**] 구를 가는 사각뿔의 모음으로 생각한다

여기서 아주 작은 사각형 하나를 구의 중심과 이어봅시다. 사각형의 밑면의 넓이를 ΔS라고 합시다. ΔS가 매우 작다면 사각뿔의 높이는 거의 구의 반지름 r가 될 것입니다. 그러면 이 사각뿔 하나의 부피는

사각뿔의 부피 $= \dfrac{1}{3} \times$ (높이 r) $\times$ (밑넓이 ΔS) $= \dfrac{1}{3} r \Delta S$

입니다. 사각뿔들의 부피를 계속 더해가면

$$\frac{1}{3} r \Delta S + \frac{1}{3} r \Delta S + \frac{1}{3} r \Delta S + \cdots$$

이 되고, 곧

$$\frac{1}{3} r (\Delta S + \Delta S + \Delta S + \cdots)$$

가 됩니다. ΔS를 모두 더한 것은 구의 겉넓이가 되므로

$$(\text{구의 부피} \ \frac{4}{3} \pi r^3) = \frac{1}{3} r \times \text{구의 겉넓이}$$

가 됩니다. 이것을 구의 겉넓이에 대하여 풀면

$$\text{구의 겉넓이} = 4 \pi r^2$$

이라는 공식을 얻게 됩니다.

4

감각과 논리

● **중학교 입시 문제에서 적분을 발견하다**

제1장의 총 마무리로서 '도형을 아주 얇게 썰어내는 방법', '적분 기호를 사용하는 방법'을 생각해 보겠습니다. 중학교 수준의 문제를 소재로 삼아서 적분의 사고방식을 적용해 풀어봅시다.

여기에 등장하는 것은 회전체입니다. 회전체의 부피는 고등학교 교과서에서 반드시 다루는 내용인데, 간단한 것은 초등 고난이도 문제에서도 이따금 등장합니다. 이를테면 아래와 같은 식입니다.

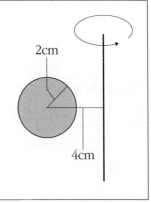

그림과 같이 반지름이 2cm인 원판을
원의 중심으로부터 거리가 4cm인 곳
에 있는 축을 중심으로 하여 한 바퀴
회전했을 때 생기는 도형의 부피를
구하시오.

(도카이대학 부속 다카나와다이 중학교의 2007년
도 입시 문제를 일부 고침)

이 문제는 어떻게 풀면 좋을까요?

 예상치도 못한 이런 도형의 부피를 구하는 공식 같은 것은 학교에서 배운 적이 없는데요.

 그럼요, 모르는 것이 당연하지요. 교육과정에 따르면 초등학교는 물론 중학교에서도 이러한 문제는 다루지 않습니다. 초등학생이 풀기에는 어려운 문제라고 생각되는데, 어른도 바로 이해하기 힘들 것이라고 생각합니다.

먼저 원판을 한 바퀴 회전시켰을 때 어떠한 도형이 생기는가 하면,

[그림 43] 원환체

[그림 43]과 같은 도넛 모양이 됩니다. 이와 같은 도넛 모양의 형태를 수학에서는 원환체라고 일컫습니다.* 여기에서는 원환체의 부피를 계산

---

* 원환체를 영어로는 'solid torus, toroid'라고 한다. 수학에서는 원환체(토러스체, 토로이드)의 표면만 생각할 때도 많은데, 원환체의 표면은 원환면(토러스면 또는 토러스)이라고 한다.

하기 위해 가장 소박하게 '적분하는' 방법을 찾아보고자 합니다. 어떤 방법이 효과가 있을까요? 한 가지 아이디어로, [그림 44]처럼 원환체를 수평 방향으로 쓰윽 베어내는 것을 생각할 수 있습니다.

[그림 44] 원환체를 수평으로 자른다

　단면은 [그림 45]와 같이 커다란 원에서 작은 원을 제거한 것 같은 도형이 됩니다. 이 도형의 단면적을 알기 위해서는 큰 원과 작은 원의 반지름을 알면 됩니다. 원뿔을 뺀 원기둥의 단면적을 계산했을 때와 똑같습니다.

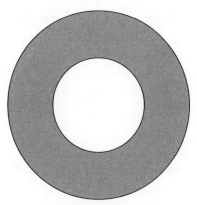

[그림 45] 원환체의 단면

어려운 것은 반지름의 길이를 구하는 일입니다. 어떻게 계산하면 좋을까요? 이 문제의 그림 위에 우리의 아이디어를 나타내어 봅시다. 회전축을 x 축이라 하고 각 점마다 이름을 붙여놓습니다(**그림 46**).

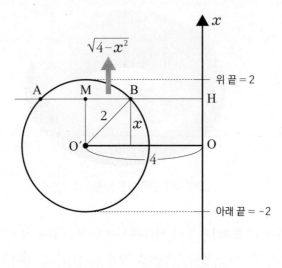

[그림 46] 수평 단면에서 두 원의 반지름을 구한다

x 축에 H라고 하는 점을 나타냅니다. 그러면 **[그림 45]**와 같은 수평 단면에 나타나는 두 원 가운데 큰 원의 반지름은 AH, 작은 원의 반지름은 BH가 됩니다.

실은 '원환체를 H의 높이에서 자르는 것'이 특징입니다. 그렇게 함으로써

피타고라스 정리를 이용할 수 있다

라는 통찰이 생깁니다. 그다음 점 A와 점 B의 중점을 M이라 합니다. 이

때 피타고라스 정리를 사용하면 선분 AM(= BM)의 길이는

$$\sqrt{4-x^2}$$

이 될 것입니다. 그렇게 되면 큰 원의 반지름 AH의 길이는

$$4+\sqrt{4-x^2}$$

작은 원의 반지름 BH의 길이는

$$4-\sqrt{4-x^2}$$

이 됩니다.

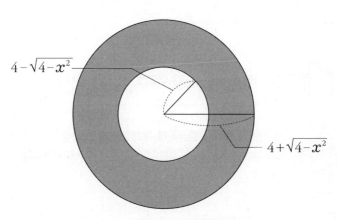

$$4-\sqrt{4-x^2}$$

$$4+\sqrt{4-x^2}$$

[그림 47] 원환체에서 수평 단면의 크기

원환체에서 수평 단면을 그려보면 [그림 47]과 같이 됩니다. 여기서 큰 원의 넓이($=\pi(4+\sqrt{4-x^2})^2$)로부터 작은 원의 넓이($=\pi(4-\sqrt{4-x^2})^2$)를 빼서 [그림 45]와 같은 수평 단면의 넓이를 구하면

$$16\pi\sqrt{4-x^2}$$

이 됩니다. 중간에 나오는 계산은 생략했는데, 마음에 걸린다면 각주를 참고해주기 바랍니다.* 원환체의 부피는 이와 같은 단면적에 아주 작은 두께 Δx를 곱해, 아래쪽($x=-2$)부터 위쪽($x=2$)까지 더하면 됩니다. 적분 기호를 사용하면

$$\int_{-2}^{2}16\pi\sqrt{4-x^2}\,dx$$

로 나타낼 수 있습니다. 이렇게 하면 원리적으로는 원환체의 부피를 구한 것이 됩니다.

그렇다면 이 적분 수식은 어떻게 계산할 수 있나요?

이 적분을 제대로 깔끔하게 계산하는 것은 뜻밖에 까다로운 일입니다. 그렇지만 실은 적분 계산을 하지 않고도 답을 얻을 수 있습니다.

---

* 계산은 다음과 같다.

$\pi(4+\sqrt{4-x^2})^2-\pi(4-\sqrt{4-x^2})^2$
$=\pi\{16+8\sqrt{4-x^2}+(\sqrt{4-x^2})^2\}-\pi\{16-8\sqrt{4-x^2}+(\sqrt{4-x^2})^2\}$
$=16\pi\sqrt{4-x^2}$

이 식이 '의미하는 것'을 생각해봅시다. 16π는 나중에 곱하기만 하면 되니까 손대지 말고 그대로 둡니다. 먼저 구해야 할 것은

$$\int_{-2}^{2} \sqrt{4-x^2}\, dx$$

입니다.

$y=\sqrt{4-x^2}$ 의 그래프를 그리면 그 넓이를 구할 수 있을지도 모르겠습니다. $y=\sqrt{4-x^2}$ 의 그래프는 어떤 모양을 하고 있을까요? 실제로 $y=\sqrt{4-x^2}$ 의 그래프는 **[그림 48]**처럼 그려집니다.

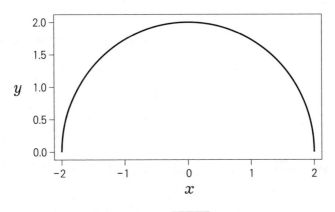

[그림 48] $y=\sqrt{4-x^2}$ 의 그래프

그런데 보통은 이런 것을 떠올리기가 쉽지 않습니다. 그러므로 이 단계에서는 '음, 이런 그래프가 되는 건가?' 하는 정도로만 생각하고 앞으로 나아가길 바랍니다.

이런 형태, 자주 보았어요.

그렇죠, 반지름이 2인 원의 위쪽 반입니다.

결국 이 적분의 답은 **[그림 48]**의 반원의 넓이와 같습니다. 곧,

$$\pi \times 2^2 \div 2 = 2\pi$$

입니다. 여기에다 앞에서 그대로 두었던 16π를 곱하면 원환체의 부피는

$$2\pi \times 16\pi = 32\pi^2$$

이 됩니다.

원환체는 원과 원을 곱한 것과 같은 도형인데, 실제로 π의 제곱이 나오는 것이 흥미롭습니다. 수학적으로도 원환체는 '원과 원의 곱집합(정확하게는 원 넓이와 원둘레의 곱집합)'으로 정의하고 있습니다. 글자 그대로, 아니 숫자 그대로 '원과 원을 곱한 도형'인 것이지요.

● **초등학생 방식으로 원환체의 부피를 구한다**

앞에서 원환체의 부피를 구한 방법은 말하자면 어른의 방법입니다. 그러나 피타고라스 정리나 적분 기호도 모르는(것으로 생각되는) 초등

학생에게 설명하기는 매우 어렵습니다.

그러면 어떤 방식으로 얇게 쓰는 것이 좋을까요? 초등학생용으로 쓸 만한 것은 '원의 넓이를 구하기 위해 작은 모눈으로 구획 짓기' 방법입니다. 그러나 실제로 모눈을 세어 나가는 것은 품이 많이 드는 일이어서, 뭔가 새로운 방법을 시행해보려고 합니다.

발상 전환을 위해 먼저 '원을 부채꼴로 나누어 넓이를 구하는 방법'을 소개합니다. 우리가 구하고자 하는 것은 원환체의 부피인데, 이는 원을 부채꼴로 나누어 넓이를 구하는 방법과 아주 비슷한 발상으로 계산할 수 있습니다. 원환체는 입체라서 통째로 이미지를 상상하기는 어렵지만, 원은 이미지를 떠올리는 게 좀 더 쉬울 거라고 생각합니다.

[그림 49]는 원을 가느다란 부채꼴로 나눈 다음에 위아래를 서로 엇갈리게 해서 번갈아 늘어놓은 것입니다. 여기서 나타나는 것은 가로의 길이가 긴 평행사변형입니다. 물론 부채꼴의 호는 사실 조금 구부러져 있습니다. 그러나 부채꼴을 점점 더 가늘게 만들어 나가면 부채꼴의 호 부분의 구부러짐을 거의 알아볼 수 없게 됩니다. 결국에는 곧다고 생각할 수 있을 정도가 됩니다.

부채꼴을 한없이 가느다랗게 만들어감에 따라 평행사변형의 정밀도가 한층 높아지게 될 것입니다. 이때 평행사변형의 높이는 원의 반지름과 똑같아집니다. 그리고 밑변의 길이는 원둘레 길이의 반($= \pi \times$ 반지름)이 될 것입니다. 결국 평행사변형의 넓이는 ' $\pi \times$ 반지름 $\times$ 반지름'에 가까운 값이 되어갑니다. 따라서 원의 넓이도 '반지름 $\times$ 반지름 $\times \pi$ '가 됩니다.

이상이 원의 넓이 공식을 '초등학생 방식'으로 이끌어내는 한 가지 예입니다.

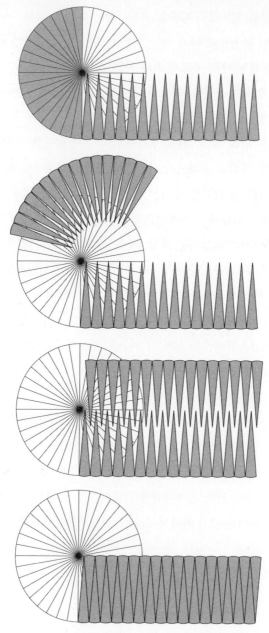

[그림 49] 원을 부채꼴로 전개한다

● 도넛을 뱀으로 만드는 방법

이제 드디어 원환체를 다루게 되었습니다. 입체를 얇게 써는 아이디어를 원환체에 응용하는 것입니다. 이번에는 수평으로 자르는 것이 아니라 수직 방향으로 자르는 금을 그어봅시다(**그림 50**). 단면이 정확히 작은 원이 되게 한다는 의미입니다.

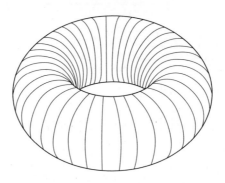

[그림 50] 원환체를 수직 방향으로 얇게 썰기

자른 모양을 살펴보기 위하여 먼저 8등분을 해봅시다. 앞에서 원을 부채꼴로 자른 다음 위아래 번갈아 늘어놓은 것과 같은 요령으로, 8등분으로 자른 원환체를 방향을 번갈아가며 늘어놓습니다. 이렇게 하면 원환체는 구불구불한 뱀 모양의 도형이 될 것입니다.

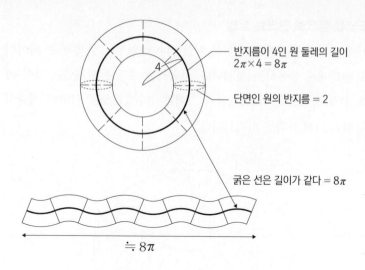

반지름이 4인 원 둘레의 길이
$2\pi \times 4 = 8\pi$

단면인 원의 반지름 = 2

굵은 선은 길이가 같다 = 8π

$\fallingdotseq 8\pi$

[그림 51] 잘린 원환체를 번갈아 늘어놓는다

 정말로 그렇게 되나요? 확인해보고 싶은데요.

 자, 그럼 실험해봅시다.

[그림 52] 도넛

[그림 53] 8등분 한 도넛

여기서 사용하는 것은 흔히 보는 도넛입니다. 도넛 대신 베이글로 해도 됩니다. 도넛을 8등분 한 것이 **[그림 53]**입니다. 잘린 도넛을 방향을 번갈아가며 늘어놓으면 다음과 같이 됩니다(**그림 54**).

[그림 54] 8등분 한 것을 늘어놓은 도넛

확실히 뱀 모양의 입체 도형이 되는 것을 확인할 수 있습니다. 이때 어쩌면 이런 일이, 잘린 도넛을 우리 집 딸아이가 모두 먹어 버렸습니다. "끼악~! 이걸 왜 먹었어?" 하고 한바탕 난리가 났습니다.

여기서는 8등분을 했지만 더욱 잘게 나누어 100등분, 200등분, ⋯으로 나누어가면 뱀 형상의 입체는 차츰 원기둥(이 가로로 누운 모양)에 가까워질 것입니다.

결국은 **[그림 51]**처럼 원기둥의 밑면은 반지름이 2인 원이고, 높이는 반지름이 4인 원의 둘레의 길이(= 회전시킨 원의 중심이 지나는 자취의 길이), 곧 8π가 됩니다. 따라서 구하는 원환체의 부피는 밑넓이가 $\pi \times 2^2$, 높이가 8π인 원기둥(**그림 55**)의 부피와 같습니다. 곧,

$$\pi \times 2^2 \times 8\pi = 32\pi^2$$

이 됩니다.

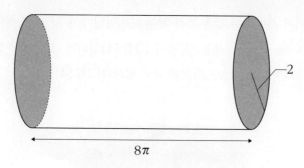

[그림 55] 원환체를 원기둥으로 변형!

원주율은 대략 3.14이므로 이것을 대입하여 계산하면 답은 315.5072 cm³입니다.

우리가 사용한 도넛은 단면인 원의 반지름이 1.5cm였고 도넛의 지름은 8cm였습니다. 결국 [그림 51]의 굵은 선에 해당하는 원의 반지름은 8cm ÷ 2 − 1.5cm = 2.5cm입니다. 따라서 도넛의 부피는 밑넓이가 $\pi \times 1.5^2 (\text{cm}^2)$, 높이가 $2\pi \times 2.5 (\text{cm})$인 원기둥과 같으므로

$$\pi \times 1.5^2 \times 2\pi \times 2.5 \fallingdotseq 110.9205 \, (\text{cm}^3)$$

가 됩니다. 이것은 대략 한 변이 4.8cm인 정육면체의 부피와 비슷한 부피입니다.

● 파푸스-굴딘의 정리

한편 중학교 수준의 입시에서 회전체의 부피를 구하는 '비법'으로 잘 알려진 정리가 있습니다. 다름 아닌 파푸스-굴딘(Pappus, 290?~350?, P.

Guldin, 1577~1643)의 정리입니다.

이 정리를 써서 계산해봅시다.

이번에 사용한 원환체의 경우, '회전시킨 도형'에 해당하는 것은 반지름이 2인 원입니다. 그 원의 넓이는 $2 \times 2 \times \pi = 4\pi$입니다. 다음으로 '중심이 이동한 길이'인데, 여기서 '중심'이란 '단면의 한가운데'라는 의미로 생각하기 바랍니다. 중심이 움직인 길이는 원기둥의 높이와 같으므로 $4 \times \pi \times 2 = 8\pi$입니다. 이것들을 파푸스-굴딘의 정리에 적용해보면 '회전체의 부피'는 $4\pi \times 8\pi = 32\pi^2$이 됩니다.

눈치가 빠른 초등학생이라면 물론 이 비법을 알고 있을 터이고 실제로 사용해본 학생도 틀림없이 있을 것입니다. 그러나 우리가 살펴본 것처럼 계산하는 기술까지 설명하는 것은 무척 어렵지 않을까요?

'원환체를 원기둥으로 변형시킨다'는 이야기에서 적분 문제를 잘 푸는 요령을 볼 수 있었습니다.

적분의 요령

풀이 방법을 모르는 도형이라면 알고 있는 도형으로 변형시킨다.
이때는 형태만 달라지고 부피는 달라지지 않는다.

실제로 같은 방법론을 사용해 원환체의 '겉넓이'도 계산할 수 있습니다. [그림 55]에서 확인할 수 있는 것처럼 겉넓이는 '반지름이 2인 원을 밑면으로 가진 높이가 8π인 원기둥의 옆넓이'와 같습니다. 따라서 반지름의 길이가 2인 원의 둘레 길이, $2 \times 2 \times \pi = 4\pi$와 8π를 곱하면 $32\pi^2$이 됩니다. 어쩌다 보니 부피와 같은 값($32\pi^2$)이 되었는데, 이것은 우연입니다.

더 나아가 원기둥으로 변형시키는 사고방식을 적용하면 부피와 겉넓이를 구하는 공식을 이끌어내는 것도 간단합니다.

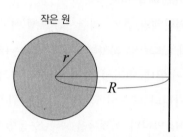

[그림 56] 원을 회전시켜 일반적인 원환체를 만든다

[그림 56]과 같이 r와 R를 취하여(단, $R > r$), 회전축의 둘레로 회전시켜 만든 원환체가 있습니다. 반지름이 r인 색칠된 원을 작은 원이라고 부르기로 한다면 부피와 겉넓이를 구하는 공식은 다음과 같습니다.

부피 = (작은 원의 넓이 πr^2) $\times$

(작은 원의 중심이 움직인 거리 $2\pi R$) = $2\pi^2 r^2 R$

겉넓이 = (작은 원의 둘레 길이 $2\pi r$) $\times$

(작은 원의 중심이 움직인 거리 $2\pi R$) = $4\pi^2 r R$

겉넓이 공식을 알고 나면 간단하다고 느끼겠지만, 다른 방식으로 계산하려고 하면 아주 어렵습니다. 중적분이라고 하는 더욱 수준이 높은 대학 정도의 적분 기술이 필요하게 됩니다. 적분은 어떻게 칼로 자를 것인가 하는 방법에 따라 간단해질 수도 어려워질 수도 있습니다. 뒤집어 말하면 문제가 어려워 보여도, 얇게 써는 방법과 변형하는 방법을 달리 하는 것만으로도 초등학생이 풀 수 있는 문제가 됩니다.

제1장에서는 여러 가지 도형의 넓이와 부피를 구하고자 할 때 '얇게 썰고', '작은 직사각형과 직육면체로 나누는' 방법이 유효하다는 것을 알 수 있었습니다. 적분을 응용할 때에는 컴퓨터로 값을 계산할 때가 많습니다. 실제로는 적분을 구체적인 식으로 표현할 수 있는, 곧 현실에서 계산할 수 있는 경우가 매우 드물기 때문입니다. 그럴 때 컴퓨터 안에서 이루어지는 작업이란 기술적인 것을 제외하면 '얇게 자른 조각의 넓이 (또는 길이나 부피)를 더하기' 하는 것뿐입니다. 적분이란 파고들어 가면 '조각의 합'이었을 뿐, 달리 특별한 일을 하는 것은 아닙니다. 일단 적분 식을 쓸 수 있으면 수치를 계산하는 것은 간단합니다. 여러 가지 양을 적분 식으로 나타내는 것, 궁극적으로는 이것이야말로 우리에게 필요한 능력입니다.

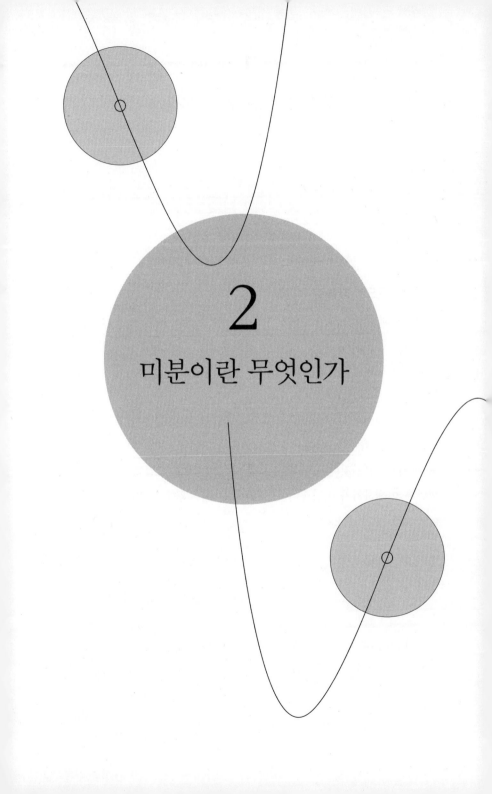

2

미분이란 무엇인가

1
미분의 존재 가치

● 다이아몬드의 값을 분석하라

고등학교 교과서에서는 적분에 앞서 미분을 배우도록 되어 있습니다. 그렇다 보니 미적분이 서투른 사람이라면 이미 미분에서 좌절해버린 경우가 많습니다. 또 미분은 할 수 있겠는데 적분이 어렵다고 말하는 예도 별로 들어본 적이 없습니다.

제1장 앞머리에서 말한 것처럼 미분은 적분과 견주면 이미지로 파악하는 게 어렵습니다. 적분 부분에서 나왔던 원, 구, 원뿔, 회전체의 넓이와 부피는 어느 것이든 쉽게 실감할 수 있습니다. 그런데 이와는 달리 미분은 이해하기가 어렵습니다. 왜 미분은 어려울까요? 미분이 '비(比)'이기 때문은 아닐까요?

$y = f(x)$의 미분은

x가 조금(Δx) 변했을 때, y도 조금(Δy) 변하는 것의 비

입니다. 적분이 '덧셈'이라면 미분은 '나눗셈'입니다.

초등학교에서는 맨 처음에 덧셈을 배우고 나서 뺄셈, 곱셈을 배운 뒤,

맨 마지막에 나눗셈을 배웁니다. 왜냐하면 이 순서로 어려워지기 때문입니다. 나눗셈을 실감하는 게 상대적으로 더 어렵다고 말할 수 있습니다. 우리에게 '비 = 나눗셈'의 세계는 실감하기가 쉽지 않지만 '변화를 파악할 때'에는 다른 것보다 훨씬 쓸모가 있습니다.

적분과 미분은 뇌를 사용하는 방법이 완전히 다릅니다. 그래서 실제 예를 생각해가며 머릿속의 스위치를 바꾸는 게 필요합니다. 맨 처음 주제는 다이아몬드의 값을 매기는 공식입니다.

 왜 다이아몬드의 값을 매기는 공식을 다루나요?

 미분처럼 추상성이 높은 이야기는 돈으로 구체화해서 생각하는 것도 한 가지 요령입니다. 초등학생이라면 수학에 '몇 원(₩)'이라는 것을 끌어들이는 것만으로도 산수 문제가 풀릴 때가 있습니다. 어른들에게도 경제 성장률이라든지 환율보다는 지폐 뭉치가 양을 실감하는 데 더 좋지요. 마찬가지 원리입니다.

돈을 떠올림으로써 예민해지는 우리의 '양 감각'을 이용합시다.

미국 보석학회가 정한 '다이아몬드 품질 평가의 국제 기준'에 따르면 다이아몬드의 값은 '4C'로 결정됩니다. 4C란 '크기(Carat)', '색(Color)', '연마도(Cut)', '투명도(Clarity)'를 가리키는 것으로서 다이아몬드의 특징과 관련이 있습니다. 4C 말고도 투기 요인 등이 값을 변동시키기도 하는데, 이야기가 너무 복잡해지므로 그것까지는 생각하지 않기로 합시다.

다이아몬드의 값을 결정할 수 있는 일반 공식을 만드는 것은 어려운 일입니다. 일단 여기서는 '색, 연마도, 투명도는 다 같다'고 가정합니다. 그러면 다이아몬드의 값은 '크기 = 무게'로 결정될 것입니다. 보석의 무게를 재는 단위는 캐럿이고, 1캐럿은 0.2g에 해당합니다.

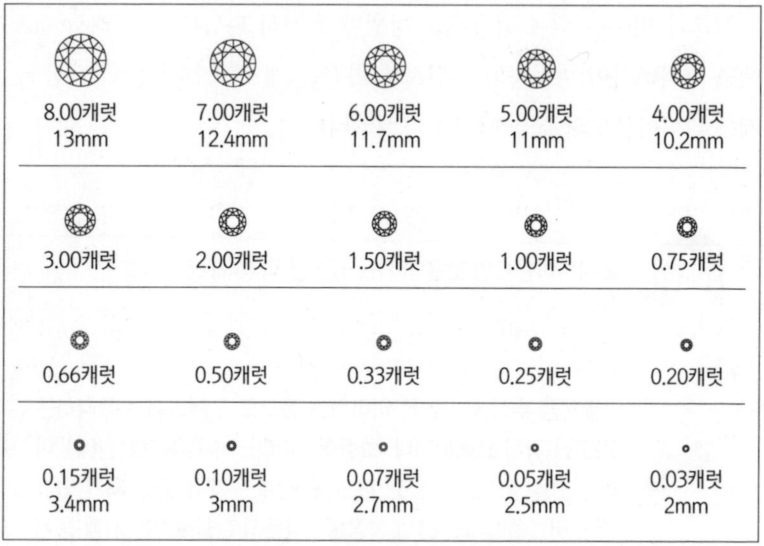

8.00캐럿	7.00캐럿	6.00캐럿	5.00캐럿	4.00캐럿
13mm	12.4mm	11.7mm	11mm	10.2mm
3.00캐럿	2.00캐럿	1.50캐럿	1.00캐럿	0.75캐럿
0.66캐럿	0.50캐럿	0.33캐럿	0.25캐럿	0.20캐럿
0.15캐럿	0.10캐럿	0.07캐럿	0.05캐럿	0.03캐럿
3.4mm	3mm	2.7mm	2.5mm	2mm

[그림 57] 다이아몬드의 캐럿 수와 그에 따른 상대적인 크기

캐럿 수가 그다지 크지 않을 때 다이아몬드의 값은 대략 '캐럿 수의 제곱'에 비례합니다. 곧, 다이아몬드의 무게(캐럿)를 x로 두면 다이아몬드의 값 y는 경험적으로 다음과 같이 나타낼 수 있습니다.

$$y = x^2 \times 1캐럿의 값$$

이 관계식은 '제곱 방식'이라 부릅니다.

실제로는 1캐럿짜리 다이아몬드의 값이 일정하지는 않지만 이야기의 원활한 진행을 위해 '1캐럿일 때는 1000만 원'이라고 생각하기로 합시다. 그러면 x 캐럿짜리 다이아몬드의 값은

$$y = 1000x^2 \text{ (만 원)}$$

이 됩니다. 무게가 2캐럿이라고 하면 값은

$$1000 \times 2^2 = 4000 \text{ (만 원)}$$

입니다.

실제로는 다이아몬드가 (말 그대로) 정확히 1캐럿이 되는 경우는 그다지 없습니다. 0.98캐럿이라든지 1.01캐럿이라든지, 소수점 아래 둘째 자리까지 숫자가 다를 때가 많습니다. 그래서 다이아몬드의 무게를 1캐럿이 아니라 1.1캐럿이라고 하면, 이때의 값은

$$1000 \times 1.1^2 = 1210 \text{ (만 원)}$$

이 됩니다. 놀랍게도 0.1캐럿이 늘어나는 것만으로

$$1210 - 1000 = 210 \text{ (만 원)}$$

이나 값이 올라버리고 맙니다.

0.1캐럿은 겨우 0.02g입니다. 무게는 정말로 조금 늘어났을 뿐인데 210만 원이나 많아지다니! 그저 탄소일 뿐인데 말이지요(캐럿 수가 커지면 제곱식이 적합하지 않을 수도 있습니다. 관심이 있는 독자는 각주

를 참고하기 바랍니다*).

여기서 다이아몬드의 무게가 x 캐럿에서 Δx 만큼 무거워져서 $x + \Delta x$ 캐럿이 되었다고 해봅시다. 캐럿 수가 줄 때에도 마찬가지이지만, 계산을 쉽게 하기 위해 늘었을 때의 예로 생각해 보겠습니다.

 이때 다이아몬드의 값은 얼마만큼 오를 것이라고 생각하나요?

 아까 계산했던 것 같은데, 무게가 조금 늘어났을 뿐이니까 터무니없는 액수로 오르지는 않겠지요?

[그림 58]은 한 변의 길이가 x 인 정사각형에서 '가로와 세로의 길이를 Δx 씩 늘였을 때 넓이가 얼마만큼 늘어나는지'를 나타내고 있습니다. 이 그림을 사용하면 다이아몬드의 무게가 x 캐럿에서 Δx 만큼 무

---

* 캐럿 수가 커지면 제곱식 공식으로는 오차가 커진다. 그래서 제곱식 대신 다음과 같은 공식을 사용한다.

$$y = \frac{x(x+2)}{2} \times (1\text{캐럿의 값})$$

이 공식에 따라 다이아몬드의 값을 추정하는 방법을 슈라우프(Schrauf) 방식이라고 한다. 캐럿 수가 2보다 크면 제곱식으로 할 때 값이 지나치게 올라가는 경향이 있다. 그래서 단순히 제곱을 하지 않고 보정한다. 그런데 6캐럿, 7캐럿과 같이 매우 커다란 다이아몬드는 좀 더 특별한 경우라서 슈라우프 공식으로도 잘 맞지 않는 듯하다.

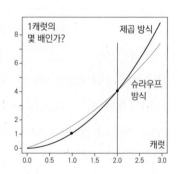

거워져서 $x + \Delta x$ 캐럿이 되었을 때, 값이 어느 정도로 오르는지를 알 수 있을 것입니다.

여기서 x^2(에 1000만 원을 곱한 것)은 다이아몬드의 값을 나타내고 있습니다. 그리고 오른 값은 **[그림 58]**과 같이 '두 직사각형(넓이는 모두 $x\Delta x$)과 한 변의 길이가 Δx인 정사각형(넓이는 $(\Delta x)^2$)을 더한 값' 이 됩니다.

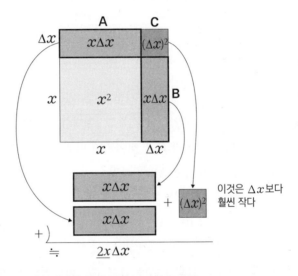

[그림 58] 다이아몬드 값의 증가분

A. 변의 길이가 x와 Δx인 직사각형
B. 변의 길이가 x와 Δx인 직사각형
C. 한 변의 길이가 Δx인 정사각형

결국,

$$(2x\Delta x + (\Delta x)^2) \times 1000만 원$$

이 됩니다.

앞서 들었던 예, 곧 1캐럿짜리 다이아몬드가 1.1캐럿이 되었을 때를 이 식에 적용해 값의 증가분을 계산해보면

$$(2 \times 1 \times 0.1 + (0.1)^2) \times 1000만 원 = 200만 원 + 10만 원$$

이 됩니다. $(\Delta x)^2$으로 생긴 증가분 10만 원은 그것만 놓고 보면 적지 않은 액수이지만 '200만 원과 견주면' 상대적으로 매우 작은 금액이라는 느낌이 듭니다. Δx가 더욱 작아지면 이런 경향은 더욱 분명하게 드러납니다. 예를 들어 $\Delta x = 0.05$라면

$$(2 \times 1 \times 0.05 + (0.05)^2) \times 1000만 원 = 100만 원 + 25000원$$

으로 증가분 25000원은 100만 원의 40분의 1밖에 안 됩니다. 더욱이 $\Delta x = 0.02$라면

$$(2 \times 1 \times 0.02 + (0.02)^2) \times 1000만 원 = 40만 원 + 4000원$$

으로 증가분은 4000원이 됩니다.

일반적으로 작은 정사각형으로 나타나는 부분은 '직사각형 부분과 견주어보면' 아주 작습니다.

40만 원에 대해 단돈 4000원이네요.

 거의 없다고 말해도 좋을 정도지요. 그러니 이 경우는 무시해 버립시다.

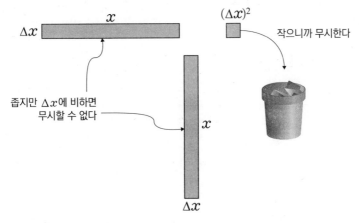

[그림 59] 작은 것은 무시한다

아주 작은 $(\Delta x)^2$은 쓰레기통에 넣어 버렸습니다(**그림 59**). $(\Delta x)^2$이 Δx의 Δx 배라고 해서 양이 늘어나는 것은 아닙니다. 왜냐하면 Δx처럼 작은 것끼리 곱한 경우에는 더욱 더 작아질 뿐이기 때문입니다. Δx와 견주면 상대적으로 매우 작은 존재입니다.

$(\Delta x)^2$을 무시해버린 결과로 다이아몬드 값의 증가분은 거의

$$2x\Delta x \times 1000\text{만 원}$$

이 됩니다.

2$x\Delta x$ × 1000만 원이요? 이게 도대체 무엇인가요?

[그림 59]를 보면 두 직사각형의 넓이랍니다. Δx와 견주면 '무시할 수 없는' 부분이지요.

중요한 것은 'Δx와 견주어서 큰가, 작은가' 하는 것입니다. 이를테면

$$2x\Delta x \times 1000만 \ 원$$

의 값은 Δx를 작게 할수록 작아집니다. 그러나 이 값은 'Δx와 견주면' 작다고는 말할 수 없습니다. 이처럼 'Δx와 견주어서 무시할 수 없는 부분'이 문제입니다.

$$2x\Delta x \times 1000만 \ 원$$

이 Δx의 몇 배가 되는지를 보면, $2x \times 1000 = 2000x$ 배(만 원)입니다. $y = 1000x^2$의 미분이란, 이 배수인 $2000x$를 가리킵니다.

다이아몬드의 예에서는 처음에 1캐럿 = 1000만 원으로 설정했으므로, 값의 증가분은 '1캐럿의 $2x$ 배'가 됩니다. 이 '2'는 [그림 59]로 말하면 2개의 직사각형으로부터 온 것입니다.

● '지수를 앞으로 보내라'고 하는 까닭

무시할 수 있는 것과 무시할 수 없는 것을 잘 분간한다.

무시할 수 있는 것은 버리고, 무시할 수 없는 것만을 남깁니다. 이때 '무시할 수 없는 것이 Δx의 몇 배가 되는가?'를 알아냅니다. 이것이 미분입니다.

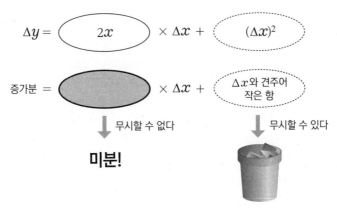

[그림 60] 미분이란 무엇인가

정밀함을 엄청 따지는 수학에서 이런 식으로 무시해도 정말 괜찮은가요?

물론이지요! '세세한 것을 일부러 무시한다'는 방법은 이공계 학문에서 오래 전부터 자주 써오던 것입니다. 제1장 적분에서 나왔던 액정 화면 이야기도 그런 거죠.

작은 부분에 대해서는 눈을 감고, 값을 근사시킨다.

미분을 한 마디로 말한다면 이렇게 말할 수 있습니다. 이것을 바탕으로 하여 교과서에 자주 등장하는, 기초적인 미분 공식의 '의미'를 곰곰이 생각해봅시다.

다음 식은 어딘가 낯익은 데가 있지요?

$$(x^n)' = nx^{n-1} \quad (n = 1, 2, 3, \cdots)$$

여기서 오른쪽 위에 있는 ' $'$ '(프라임)은 미분을 나타내는 기호입니다. 이 식은 고등학교 미적분에서 처음 배우는 **거듭제곱의 미분 공식**입니다. 여기서 x^2, x^3, x^4과 같은 거듭제곱의 오른쪽 위에 있는 첨자를 지수라고 합니다.

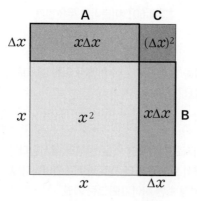

[그림 61] $y = x^2$의 미분

고등학교에서는 '미분할 때 어쨌든 지수인 숫자를 앞으로 내오고 첨자에서 1을 빼라'고 배웁니다. 그런데 왜 그렇게 해야 하는 것일까요? 수학에서는 이런 종류('어쨌든 이렇게 하십시오'라는 식)의 것들이 마치 강요하듯이 따라 다니는데, 여기서 잠깐 멈춰서 그 본질을 생각해봅시다.

[그림 61]은 $y = x^2$의 미분을 그림으로 나타낸 것입니다. 앞선 **[그림 58]**과 아주 비슷합니다. 실은 '거듭제곱의 미분 공식' 역시 다이아몬드 값의 예와 같은 요령으로 생각할 수 있습니다.

곧, '여기에 한 변의 길이가 x인 정사각형의 땅이 있다. 이 땅의 넓이는 x^2이다. 땅의 변의 길이를 각각 Δx만큼씩 늘인다면 넓이는 얼마만큼 늘어나는가?' 하는 문제로 바꾸어 생각해봅시다. 그 결과를 **[그림 61]**로 말한다면 오른쪽과 위쪽으로 땅이 늘어날 것입니다. 늘어난 땅의 넓이는 다음 세 부분으로 나누어 생각할 수 있습니다.

A. 변의 길이가 x와 Δx인 직사각형
B. 변의 길이가 x와 Δx인 직사각형
C. 한 변의 길이가 Δx인 정사각형

직사각형(A와 B)의 넓이는 각각 $x\Delta x$입니다. 이것이 2개 있으므로 더하면 $x\Delta x + x\Delta x = 2x\Delta x$가 됩니다. 남은 정사각형(C)의 넓이는 $(\Delta x)^2$입니다. 만일 Δx를 차츰 작게 하면 $(\Delta x)^2$은 Δx와 견주어볼 때 아주 작아집니다. 예를 들어 $\Delta x = 0.1$이라면 $(\Delta x)^2 = 0.01$입니다. 한 자릿수나 작아져 버립니다. 이렇게까지 작으니까 과감하게 무시합시다.

그러면 늘어난 땅의 넓이는 다 더하면 거의 $2x\Delta x$라고 할 수 있습니다. 늘어나는 비율을 계산하면, $2x\Delta x$를 Δx로 나눈 $2x$가 됩니다.

결국 $(x^2)' = 2x$라는, 흔히 배우는 공식에서 x의 계수가 2가 되는 까닭, 그것은

직사각형이 두 개인 것

에서 나오는 것입니다.

마찬가지로 $y = x^3$의 미분도 계산할 수 있습니다. 2차원을 생각할 때 넓이를 사용했으므로 3차원의 예는 부피로 들면 됩니다. 이번에는

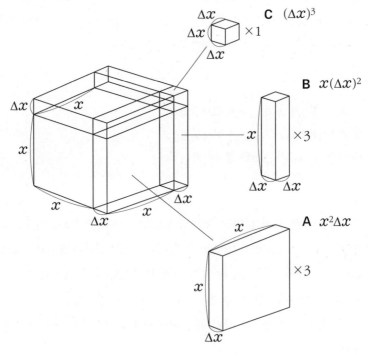

[그림 62] $y = x^3$의 미분

정사각형이 아니라 정육면체를 사용합니다. '정육면체의 부피가 어떻게 늘어나는가?'를 생각해보는 것입니다. 넓이의 예와 같은 요령으로 (정육면체의) 변의 길이를 각각 Δx 만큼씩 늘여봅시다(**그림 62**).

어느 부분이 얼마만큼 늘어날까요? 각각을 써보면 다음과 같습니다.

A. 밑면은 한 변의 길이가 x 인 정사각형이고 두께는 Δx 인 직육면체
  —— 3개(각각의 부피는 $x^2 \Delta x$)
B. 밑면은 한 변의 길이가 Δx 인 정사각형이고 높이는 x 인 사각기둥
  —— 3개(각각의 부피는 $x(\Delta x)^2$)
C. 한 변이 Δx 인 정육면체(부피는 $(\Delta x)^3$) —— 1개

이 가운데 비교적 부피가 큰 것은 $x^2 \Delta x$ 의 부피를 가진 직육면체(A) 3개입니다. 그 밖의 부분(B와 C)은 Δx 에 비해 매우 작습니다. 그러므로 이것들도 역시 무시해버려도 됩니다.

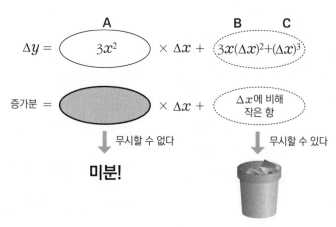

[그림 63] 세제곱의 미분

결국 부피의 증가분은 대략 $3x^2\Delta x$가 됩니다. 증가하는 비율을 계산하기 위하여 $3x^2\Delta x$를 Δx로 나누면 $(x^3)' = 3x^2$을 얻을 수 있습니다. 즉 $y = x^3$의 경우에 3은 큰 직육면체의 개수에서 나옵니다. 학교에서 자주 외우는 공식의 작동 원리는 이와 같습니다.

덧붙여서 말하면 $y = x$의 미분은 1입니다. 왜냐하면 x를 Δx만큼 늘였을 때 y는 딱 Δx만큼만 늘기 때문에 증가분은 정확히 Δx의 1배인 것입니다.

또한 '무시하고 버린다'는 조작은 기계적으로 행할 수도 있습니다. 증가분의 식

$$\Delta y = 3x^2\Delta x + 3x(\Delta x)^2 + (\Delta x)^3$$

에서 증가하는 비율을 구하기 위하여 Δy를 Δx로 나누면

$$\frac{\Delta y}{\Delta x} = 3x^2 + 3x\Delta x + (\Delta x)^2$$

이 됩니다. 여기서 Δx를 무시해 버립니다. 무시한다는 것은 '0에 가까이 간다'는 것입니다.

그래서 Δx가 0에 한없이 가까이 갈 때, $\dfrac{\Delta y}{\Delta x}$의 값은

$$\lim_{\Delta x \to 0} \frac{\Delta y}{\Delta x} = \frac{dy}{dx}$$

라는 결과가 됩니다. $\lim\limits_{\Delta x \to 0}$는 Δx를 한없이 0에 가까이 가져간다는 의미입니다. $\dfrac{dy}{dx}$는 앞의 적분의 장에서 설명한 Δx와 dx의 차이와 같습니다. 한없이 가까이 가는 극한의 값이므로 **극한값**이라 일컫습니다.

또 읽을 때는 '디와이 디엑스'라고 합니다('디엑스분의 디와이'가 아닙니다).

 $\dfrac{dy}{dx}$의 d가 필요 없다는 느낌이 드는데요. 약분하면 깔끔해 보이지 않을까요?

 그렇게 하는 학생이 종종 있는데, dx라든지 dy는 $d \times x$, $d \times y$가 아닙니다. Δ와 마찬가지로 difference(차)라는 의미가 있는 기호랍니다. 그러니까 약분해서는 안 됩니다.

앞의 식

$$\frac{\Delta y}{\Delta x} = 3x^2 + 3x\,\Delta x + (\Delta x)^2$$

에서

$$3x\,\Delta x + (\Delta x)^2$$

이라는 부분은 0에 가까이 가고 있으므로

$$3x^2$$

만 남습니다. 이것이 미분입니다.

곧, 다음의 식이 성립함을 알 수 있습니다.

$$\frac{dy}{dx} = 3x^2$$

● **곱의 미분 공식**

'두 함수 $f(x)$와 $g(x)$를 곱한 것(곱)을 미분하면 어떻게 될까?' 하는 것의 결과를 나타낸 식이 있습니다.

$$(fg)' = f'g + fg'$$

이것을 곱의 미분 공식이라고 합니다. 곱의 미분 공식은 알아두면 여러 가지로 쓸모도 있고 편리한 공식입니다. 미분 공식 $(x^2)' = 2x$, $(x^3)' = 3x^2$의 구조는 앞에서 눈으로 보고 확인을 했습니다. 차수를 더 올려서 $(x^4)'$을 계산하려고 할 때는 곱의 미분 공식이 쓸모가 있습니다.

 이번에는 4차원의 이야기가 되는 거네요.

 4차원이라서 머릿속에 떠올려 보기가 어려울 것입니다.
이런 때는 무언가 다른 것으로 바꿔보면 도움이 됩니다.

먼저 '두 함수 f와 g의 곱의 미분이 어떻게 이루어지는가'를 생각해 봅시다. '함수의 곱의 미분'이라고 하면 실감하기 쉽지 않은데, 다른 때와 마찬가지로 넓이로 치환해 생각할 수 있습니다.

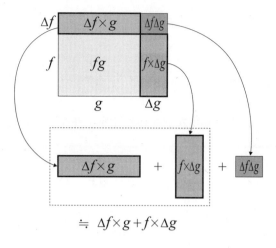

[그림 64] 곱의 미분 공식

　　[그림 64]와 같이 세로의 길이가 f, 가로의 길이가 g인 직사각형이 있다고 합시다. 이제 '이 직사각형의 세로 길이를 Δf, 가로 길이를 Δg만큼 늘이면 직사각형의 넓이는 얼마만큼 늘어날 것인가?' 하는 문제를 풀면 됩니다.

　　그 결과를 보면, 세로 방향으로 늘어난 직사각형의 넓이는 $\Delta f \times g$이고 가로 방향으로 늘어난 직사각형 넓이는 $f \times \Delta g$가 됩니다. 이것들 말고도 작은 직사각형이 남게 되는데, 그 넓이는 겨우 $\Delta f \times \Delta g$입니다. 이것은 Δf나 Δg에 비해 아주 작을 것이므로 앞에서처럼 무시합니다.

　　그러면 직사각형에서 늘어난 넓이는 거의

$$\Delta f \times g + f \times \Delta g$$

가 됩니다. 이것을 Δx로 나누면

$$\frac{\Delta f}{\Delta x} \times g + f \times \frac{\Delta g}{\Delta x}$$

가 되는데, 다시 이 식에서 Δx를 0에 가까이 가져가면

$$\frac{df}{dx} \times g + f \times \frac{dg}{dx}$$

에 가까워지는 것을 알 수 있습니다. $\frac{df}{dx}$, $\frac{dg}{dx}$라고 하나하나 다 쓰는 게 성가시니까 각각 f', g'으로 쓰면

$$(fg)' = f'g + fg'$$

이라는 미분 공식을 얻을 수 있습니다. '곱'의 미분 공식이란 f와 g를 곱한 식(= 곱)을 미분한 것이라는 의미였던 것입니다.

● **모르는 것을 이미 알고 있는 것으로 대체한다**

곱의 미분 공식을 이용하면 아주 편리합니다. 바로 이 공식을 써서 $n = 4$일 때의 미분, 즉 $(x^4)'$을 실행해봅시다. 이것을 미분하는 방법은 몇 가지가 있는데 그중 하나로, 'x^4은 $x^3 \times x$이다'로 생각해봅시다.

그렇게 하면 [그림 65]처럼 곱의 미분 공식을 사용할 수 있습니다. 세 제곱의 미분은 앞에서도 다루었습니다. 그렇죠, 정육면체로 생각했을 때 세 개의 직육면체 벽이 나왔던 것 말입니다.

$$(x^4)' = (x^3 \times x)'$$

$$(fg)' = f' \times g + f \times g'$$

$$(x^3 \times x)' = (x^3)' \times x + x^3 \times x'$$

[그림 65] 곱의 미분 공식을 사용해본다

직육면체의 예에서 $(x^3)' = 3x^2$ 이라는 것을 알았으므로 그것을 이용하면

$$
\begin{aligned}
(x^4)' &= (x^3 \times x)' \\
&= (x^3)' \times x + x^3 \times x' \\
&= 3x^2 \times x + x^3 \times 1 \\
&= 3x^3 + x^3 \\
&= 4x^3
\end{aligned}
$$

이 됩니다.

자, 조금 변형한 것만으로도 새로운 미분 공식 $(x^4)' = 4x^3$을 이끌어낼 수 있네요.

그렇군요. 또 다른 방법도 있나요?

x^4을 $x^2 \times x^2$으로 생각해서 곱의 미분 공식을 사용해 계산해도 되고, $x \times x \times x \times x$로 생각하고 계산해도 됩니다(이 경우는 곱의 미분 공식을 여러 번 되풀이하여 사용하게 됩니다만).

곱의 미분 공식은 17세기에 뉴턴이 생각해 냈습니다. 이것은 인류에게 매우 커다란 진보였습니다. 왜냐하면 곱의 미분 공식 덕분에 미분의 세계가 그림(기하학)에서 계산(대수학)으로 변했기 때문입니다. 그림으로 생각하는 쪽이 아무리 다루기 쉽다고 해도 한계가 있습니다. 지수가 큰 거듭제곱 식을 미분하는 데 정사각형이나 정육면체를 하나하나 머릿속에 떠올려야 한다면 오히려 번잡스러워질 것입니다. 그때 곱의 미분 공식을 써서 계산하면 이내 답이 나옵니다.

곱의 미분 공식이 뛰어난 점은 그것만이 아닙니다. '모르는 것을 미분할 때'에도 '이미 아는 것의 미분'을 바탕으로 해서 이끌어낼 수 있다는 점, 이것은 대단한 것입니다. 이를테면 'x^5의 미분'을 생각할 때에도 앞에서와 마찬가지 방식으로 하면 됩니다. 곧, x^5은 $x^4 \times x$와 같으므로 곱의 미분 공식을 사용하여

$$
\begin{aligned}
(x^5)' &= (x^4 \times x)' \\
&= (x^4)' \times x + x^4 \times x' \\
&= 4x^3 \times x + x^4 \times 1 \\
&= 4x^4 + x^4 \\
&= 5x^4
\end{aligned}
$$

이라고 하면 됩니다. 다시 새로운 공식 $(x^5)' = 5x^4$을 아주 간단히 얻었습니다.

이와 같이 어떤 거듭제곱 식의 미분은 '차수가 하나 낮은 식을 미분한

것에 x를 곱하고, 이 차수의 식을 하나 더한다'라는 조작을 차례로 해 나가면 됩니다. 일반적인 결과는 다음과 같습니다.

$$(x^n)' = n x^{n-1} \quad (n = 1, 2, 3, \cdots)$$

이것으로써 96쪽에서 보았던 '거듭제곱의 미분 공식'이 확인되었습니다.

● 몫의 미분 공식

고등학교 교과서에는 몫의 미분 공식이라는 것도 실려 있습니다.

$$\left(\frac{f}{g} \right)' = \frac{f'g - fg'}{g^2}$$

이 공식을 외운 사람이 많을 것이라고 생각하는데, 이것도 외울 필요가 없습니다. 왜냐하면 곱의 미분 공식과 본질적으로 같기 때문입니다. 여기서 실제로 곱의 미분 공식으로부터 몫의 미분 공식을 이끌어내 봅시다. 곧, 이번 목표는 다음 식을 계산하는 것입니다.

$$\left(\frac{f}{g} \right)'$$

여기서

$$\frac{f}{g} \times \square = \bigcirc \quad \cdots\cdots \enspace ①$$

이라는 형태를 생각하고자 합니다. 왜냐하면 양변에 곱의 미분 공식

$$(FG)' = F'G + FG'$$

을 적용하면(f, g와 헷갈리지 않도록 F, G로 나타내고 있습니다)

$$\left(\frac{f}{g}\right)' \times \square + \frac{f}{g} \times \square' = \bigcirc'$$

이것을 계산하려고 한다!

이라는 형태가 되어, 부드럽게 진행될 것이기 때문입니다(여기서는 F가 $\frac{f}{g}$이고, G가 $\square$를 나타냅니다).

①에서 $\square$에 g를 대입하면 $\bigcirc$는 f가 되므로

$$\frac{f}{g} \times \boxed{g} = \boxed{f}$$

가 됩니다. 이것의 양변을 미분하면

$$\left(\frac{f}{g}\right)' \times g + \left(\frac{f}{g}\right) \times g' = f'$$

이 됩니다. 이것을 $\left(\dfrac{f}{g}\right)'$에 관하여 풀면

$$\left(\frac{f}{g}\right)' = \frac{f'g - fg'}{g^2}$$

이 됩니다. 이것이 몫의 미분 공식입니다.

통째로 외운 것은 한 가지 쓰임새밖에 없지만, 본질을 이해하고 나면 이끌어낼 수 있는 공식의 종류가 빠른 속도로 늘어납니다. 수학의 참다운 즐거움입니다.

● 거듭제곱의 미분 공식을 더욱 확장한다

앞에서 '거듭제곱의 미분 공식'을 다루었습니다. 이 공식에 따르면 $n = 1, 2, 3, \cdots$에 대하여

$$(x^n)' = nx^{n-1}$$

이 성립하는 것을 알 수 있었습니다. 그런데 이야기는 여기서 끝나지 않습니다. 실은 n이 음의 정수이거나 분수일 때 또는 $\sqrt{2}$나 π와 같은 '실수'일 때에도 거듭제곱의 미분 공식이 성립합니다. 그런데 왜 이 공식이 성립하는 걸까 하는 주제로 들어가면, 고등학교에서는 무척 어려운 개념이 등장합니다.

제가 다니는 학교에서는 log를 사용해 설명했는데, 도대체 log라는 건 뭔가요?

보통 그렇게 가르칩니다만 좀 거창하지요. 그렇게 대단한 도구를 들고 나오지 않아도 '곱의 미분 공식'이 있으면 설명할 수 있는데….

새롭게 '거듭제곱의 미분 공식'을 바꿔 써봅시다. 이번에는 '실수 α (알파)에 대하여' 다음의 공식이 성립합니다.

$$(x^\alpha)' = \alpha x^{\alpha-1}$$

이 공식에는 정식 이름이 없지만, 이름을 붙인다면 '확장된 거듭제곱 의 미분 공식'이 되겠네요. 또한 기호 α가 나오게 된 까닭은 앞서 다루 었던 $n = 1, 2, 3, \cdots$과 같은 자연수에만 한정되지 않기 때문입니다. n 이라고 쓰면 자연수를 떠올리게 되어 헷갈릴지도 모르기 때문에 오해를 피하기 위하여 n 대신에 α를 사용했습니다.

이 공식은 곱의 미분 공식을 사용하면 이끌어낼 수 있습니다.* 곧바로 '확장된 거듭제곱의 미분 공식'에서 $\alpha = \dfrac{1}{2}$인 경우를 생각해봅시다.

먼저 $\alpha = \dfrac{1}{2}$을 대입하면 $x^{\frac{1}{2}}$이 됩니다. $x^{\frac{1}{2}}$은 $\sqrt{x}$와 같습니다. 왜냐 하면 일반적으로

$$\left(x^{\frac{1}{2}}\right)^2 = x^{\frac{1}{2} \times 2} = x$$

이기 때문입니다. 곧, $x^{\frac{1}{2}}$은 제곱하면 x가 되는 수, 곧 $\sqrt{x}$가 됩니다.

---

* 관심 있는 독자를 위하여 개략적인 증명 내용을 적어둔다. 먼저 α를 $\dfrac{m}{n}$ 형태의 분수 (유리수)라고 한다. 그런 다음 곱의 미분 공식을 되풀이해서 사용하면 $(x^m)' = (x^{\frac{m}{n}})'$ $\times x^{\frac{m}{n}} \times x^{\frac{m}{n}} \times \cdots \times x^{\frac{m}{n}} + x^{\frac{m}{n}} \times (x^{\frac{m}{n}})' \times x^{\frac{m}{n}} \times \cdots \times x^{\frac{m}{n}} + \cdots + x^{\frac{m}{n}} \times x^{\frac{m}{n}} \times \cdots \times x^{\frac{m}{n}} \times$ $(x^{\frac{m}{n}})'$이므로 $mx^{m-1} = nx^{\frac{m}{n}(n-1)} \times (x^{\frac{m}{n}})'$이 된다. 이것으로부터 $(x^{\frac{m}{n}})' = \dfrac{m}{n}x^{\frac{m}{n}-1}$ 을 얻을 수 있다. 이것을 모든 분수(유리수)에 대해서 말할 수 있으므로, 임의의 실 수 α에 대해서는 α에 가까이 가는 분수의 열을 생각해 극한을 취하면 $(x^\alpha)' = \alpha x^{\alpha-1}$을 얻을 수 있다.

따라서 $x^{\frac{1}{2}}$의 미분은 $\sqrt{x}$의 미분과 같습니다. 근호는 '제곱하면 본래의 수가 된다'는 성질이 있습니다. 이를테면 $\sqrt{2}$는 제곱하면 2가 됩니다($\sqrt{2} \times \sqrt{2} = 2$). 마찬가지로

$$x = \sqrt{x} \times \sqrt{x}$$

이므로 미분 공식을 적용하면 다음과 같이 될 것입니다. x를 미분하면 1이 되는 것에서 시작해봅시다.

$$
\begin{aligned}
1 &= x' \\
&= (\sqrt{x} \times \sqrt{x})' \\
&= (\sqrt{x})' \times \sqrt{x} + \sqrt{x} \times (\sqrt{x})' \\
&= 2\sqrt{x} \times (\sqrt{x})'
\end{aligned}
$$

이것의 양변을 $2\sqrt{x}$로 나누면

$$(\sqrt{x})' = \frac{1}{2\sqrt{x}}$$

이 됩니다.

$$\frac{1}{\sqrt{x}} = x^{-\frac{1}{2}} \qquad -\frac{1}{2} = \frac{1}{2} - 1$$

$$\frac{1}{2\sqrt{x}} \quad = \quad \frac{1}{2} x^{-\frac{1}{2}} \quad = \quad \frac{1}{2} x^{\frac{1}{2}-1}$$

$$\underset{\alpha}{\uparrow} \qquad \underset{\alpha-1}{\uparrow}$$

이와 같이 식을 변형해가면, 분명히 $\alpha = \dfrac{1}{2}$ 일 때 '확장된 거듭제곱의 미분 공식'이 성립하고 있음을 알 수 있습니다.

고등학교의 표준화된 교육과정에서는 로그(log)함수를 사용해 미분하는 '로그함수 미분'이라는 방법을 가지고 설명합니다. 그러나 로그함수 미분까지 사용하지 않아도 곱의 미분 공식을 응용하면 더욱 간단히 이해할 수 있습니다.

2

여러 가지 함수

● **봉우리와 골짜기**

전화로 **[그림 66]**과 같은 형태의 함수를 설명해야 한다면 어떻게 해야 할까요?

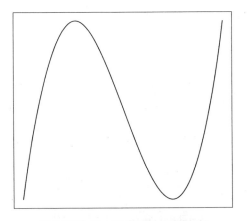

[그림 66] 함수의 형태란 무엇일까?

휴대전화의 카메라로 사진을 찍어 전송할 수는 있겠지만, 반드시 '말로' 전해야 한다면요?

'영문자 N에서 각진 곳이 둥글게 되어 있는 모양'이라고 말하면
되지 않을까요?

그것으로 대강 전달할 수 있을 것입니다. 상대가 N의 모양을 알
고 있다고 전제하면은요. N은 '봉우리가 하나 있고 그 오른쪽으
로 골짜기가 하나 있다'는 것으로 볼 수 있으니까요.

곧, 함수의 형태가 어떤 '특징'이 있는지 결정하는 것은 모든 점에서
구해지는 값이 아닙니다.

중요한 정보는 '봉우리'와 '골짜기'입니다.

예를 들어 '골짜기, 봉우리, 골짜기로 변화하는 관계'라고 말하면 개
략적으로 [그림 67]과 비슷한 함수의 이미지를 떠올리게 될 것입니다.

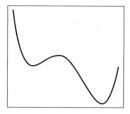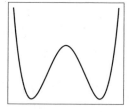

[그림 67] 골짜기 - 봉우리 - 골짜기

사람에 따라 상상하는 형태는 조금씩 다를 테지만, 이 중 어느 것에도
딱 들어맞지 않는다 하더라도 또 완전히 동떨어져 있다고도 할 수 없을

것입니다. 더욱이 추가 정보로 봉우리와 골짜기의 위치(x좌표), 봉우리의 높이와 골짜기의 깊이(y좌표)를 알 수 있다면 사람마다 조금씩 다르게 생각했던 차이들도 차츰 해소되어갈 것입니다.

이를테면 말로써 이렇게 전달하면 어떻게 될까요?

$$x = -1$$에 골짜기가 있는데 깊이(y좌표)는 -1
$$x = 0$$에 봉우리가 있는데 높이(y좌표)는 3
$$x = 1$$에 골짜기가 있는데 깊이(y좌표)는 -1

이것들 말고는 봉우리나 골짜기가 더 이상 없다면 함수의 대강의 형태(개형)를 그릴 수 있을 것입니다.

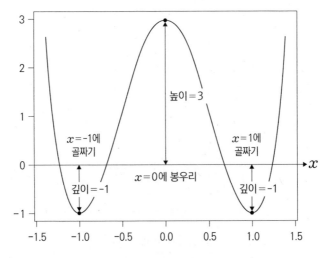

[그림 68] 골짜기 – 봉우리 – 골짜기의 그래프

이제까지 기술한 내용을 이해했다면 함수의 형태를 상당히 정확히 상상할 수 있습니다. 곧, 우리가 형태를 인식할 때에는 그 형태에 대한 모든 정보(각 점의 모든 좌표)를 알 필요는 없습니다. 우리가 형태를 인식할 때에 보는 것은 형태 자체가 아니라 그 특징인 것입니다.

엄밀히 말하면 봉우리와 골짜기를 잇는 곡선은 수없이 많으므로 함수의 세밀한 형태는 알 수 없습니다. 그러나 봉우리와 골짜기의 정보만으로도 어떤 형태인가는 어렵지 않게 짐작할 수 있습니다. 모든 x 값의 함숫값을 알 수 없다고 해도 함수의 대략적인 모양은 그릴 수 있습니다.

● 접선을 안다

문제는 '봉우리와 골짜기의 좌표를 어떻게 계산해서 알아낼까?' 하는 것입니다. 이것을 알아보기 위해 미분의 '의미'를 그림으로 나타내봅시다. 이미 설명한 바와 같이 $\dfrac{\Delta y}{\Delta x}$ 에서 Δx 를 0에 가까워지도록 하는 것을 미분이라고 합니다(**그림 69**).

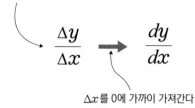

x가 조금(Δx) 늘어날 때,
y가 Δy만큼 늘어나는 것의 비(比)

$$\frac{\Delta y}{\Delta x} \quad \longrightarrow \quad \frac{dy}{dx}$$

Δx를 0에 가까이 가져간다

[**그림 69**] 미분의 의미

이것을 그림으로 그리면 [**그림 70**]과 같이 됩니다.
[**그림 70**]에서 굵은 직선의 기울기는 정확히

$$\frac{\Delta y}{\Delta x}$$

라는 식으로 표현됩니다. Δx를 0에 가까이 가져가면 굵은 직선은 **[그림 70]**의 점선에 가까워집니다. 이 점선을 점 P에서 접하는 **접선**이라고 합니다.

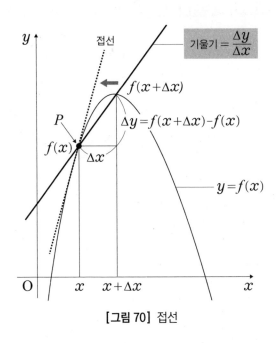

[그림 70] 접선

'$\frac{\Delta y}{\Delta x}$에서 Δx를 0에 가까이 가져가는 것', 곧

$$\frac{dy}{dx}$$

가 미분입니다. 이것은 정확히 '점 P에서 접하는 접선의 기울기'와 일치합니다. 이와 같이 미분이란 **접선의 기울기**입니다. 접선의 기울기에는 중

요한 의미가 하나 더 있습니다. 그것은 '함수의 봉우리 꼭대기와 골짜기 바닥을 파악할 수 있다'는 것입니다. 봉우리와 골짜기에서 접선의 기울기가 어떻게 되고 있는지를 살펴봅시다.

봉우리로 올라갈 때 접선의 기울기는 양수입니다. 봉우리 꼭대기에 올라간 다음에는 내려가게 되므로 기울기는 음수로 바뀝니다. 양수에서 음수로 바뀌는 봉우리 꼭대기에서 접선의 기울기는 정확히 0이 될 것입니다(**그림 71**).

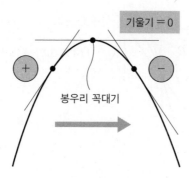

[**그림 71**] 봉우리 꼭대기

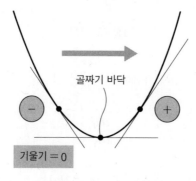

[**그림 72**] 골짜기 바닥

한편 골짜기는 어떨까요? 골짜기로 내려가고 있을 때 접선의 기울기는 음수입니다. 골짜기 바닥에 도착하고 나서는 오르막이 되기 때문에 기울기는 양수로 바뀝니다. 음수에서 양수로 바뀌는 골짜기 바닥에서 접선의 기울기 또한 정확하게 0이 됩니다(**그림 72**).

결국은 '접선의 기울기가 0이 되는 점을 알 수 있으면 봉우리 꼭대기나 골짜기 바닥을 알 수 있게 될 것'입니다. 이것이 바로 미분법으로 함수의 봉우리와 골짜기를 알 수 있는 원리입니다. 정리하면 봉우리 꼭대기, 골짜기 바닥의 가까이에서 접선의 기울기는 다음과 같이 바뀝니다.

봉우리 꼭대기 근방: 기울기 양수 → 기울기 0 → 기울기 음수
골짜기 바닥 근방: 기울기 음수 → 기울기 0 → 기울기 양수

주의해야 할 것은 '접선의 기울기가 0'이 되어도 그곳이 '봉우리와 골짜기 그 어느 것도 아닌 경우'가 있다는 것입니다. '봉우리와 골짜기 그 어느 것도 아닌 경우'란, 이를테면 **[그림 73]**과 같은 경우입니다.

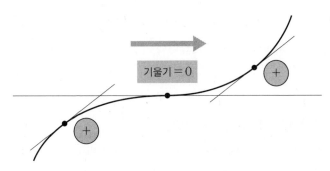

[그림 73] 오르막길의 도중

오르막길 도중에 한순간 기울기가 0이 되는 곳이 있습니다. 그와 마찬가지로 **[그림 74]**와 같은 경우도 있습니다.

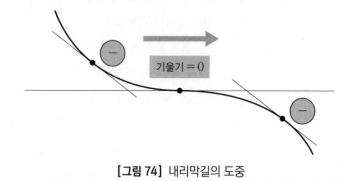

[그림 74] 내리막길의 도중

이것은 내리막길의 도중에 기울기가 0이 되는 경우입니다.

이와 같이 계단의 '층계참' 같은 곳에서 접선의 기울기가 한순간 0이 되는 곳이 있습니다. 그곳은 봉우리 꼭대기도 아니고 골짜기 바닥도 아닙니다. 그러므로 기울기의 변화까지 포함해서 보지 않으면 봉우리인지, 골짜기인지를 알 수 없습니다.

이와 같은 경우가 있다고는 해도 미분은 함수의 형태를 요약해주는 뛰어난 힘을 갖고 있습니다. 말하자면 미분은 돋보기처럼 '함수의 국소적인 모양'을 떠올릴 수 있게 해줍니다.

● 증감표를 이용해 그래프를 그린다

함수를 살펴보고자 할 때 가장 쓸모 있는 것이 미분입니다. 미분을 이용해 함수의 기울기를 알아내고 그래프를 그리는 방법을 배워봅시다.

봉우리와 골짜기, 층계참을 알 수 있으면 함수의 개략적인 형태를 파악할 수 있습니다. 이를 바탕으로 함수의 그래프를 그릴 수 있습니다. '함수의 봉우리와 골짜기, 층계참'을 기록한 것을 **증감표**라고 합니다. 이를테면 〈표 2〉와 같은 것입니다.

〈표 2〉 함수의 증감표

x	$\cdots$	-1	$\cdots$	0	$\cdots$	1	$\cdots$
$f'(x)$	+	0	+	0	−	0	+
$f(x)$	↗	-7	↗	0(극대)	↘	-23(극소)	↗

실은 증감표는 '반드시 이렇게 작성한다'고 정해진 바는 없지만, 가장 간단한 증감표는 보통 이런 식으로 작성하고 있습니다.

첫째 행 x의 범위를 나타낸다. $f'(x) = 0$이 되는 x의 값을 작은 쪽부터 순서대로 쓴다. 사이에 나오는 값들은 '$\cdots$'으로 나타낸다.

둘째 행 $f'(x)$의 부호를 써넣는다.

셋째 행 $f(x)$의 증감 변화를 나타낸다. 변화를 나타내는 방법은 다음과 같다.

$f'(x)$의 부호가 양일 때는 오른쪽 위로 향하는 화살표 ↗

$f'(x)$의 부호가 음일 때는 오른쪽 아래로 향하는 화살표 ↘

$f'(x) = 0$일 때는 그 x에 대한 $f(x)$의 값(그 앞뒤에서 ↗↘가 될 때는 '극대(값)', 거꾸로 ↘↗가 될 때는 '극소(값)'를 써넣는다.)

'함수의 증감표'라고 하면 뭔가 대단한 것처럼 들리지만, 이렇듯 아주 간단합니다.

그런데 여기에 나오는 '극대', '극소'라는 말은 조금 오해의 여지가 있습니다. 극대라는 것은 그대로 옮기면 '지극히 크다'이고 극소는 '지극히 작다'입니다. 그러나 여기에서는 그러한 의미로 쓰이는 게 아닙니다. 극댓값은 '그 점의 근방에서 가장 큰 값', 극솟값은 '그 점의 근방에서 가장 작은 값'이라는 의미로 쓰입니다. 영어로는 극댓값을 local maximum(국소적인 최댓값), 극솟값을 local minimum(국소적인 최솟값)이라고 합니다. 그러니 굳이 세 글자로 표현해야 한다면 '국댓값(局大値, 국대치)', '국솟값(局小値, 국소치)'으로 쓰는 것이 더 가깝다고 보는데 필자만 이렇게 생각하는 건 아닐 것입니다.

자, 일단 증감표를 만들면 이것을 가지고 그래프의 모양을 그리는 것은 어렵지 않습니다. 증감표에 적힌 대로 좌표평면 위에 미분이 0이 되

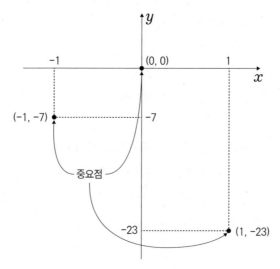

[그림 75] '중요점'을 표시한다

는 점을 표시합니다(**그림 75**). 여기서는 (-1, -7), (0, 0), (1, -23)의 세 점입니다.

공식적으로 일컫는 이름은 없지만 이 점들을 '중요점'이라고 생각하면 이해하기 쉽습니다. 글자 그대로 '중요하게 여기는 점'이기 때문입니다.

'중요점'을 좌표평면에 표시한 다음 증감표(**표 2**)의 화살표 방향에 따라서 매끄럽게 이어줍니다. 그렇게 하면 자동으로 그래프가 그려지게 됩니다(**그림 76**). 여기에 이해하기 쉽도록 극댓값, 극솟값 등을 써넣으면 완벽합니다.

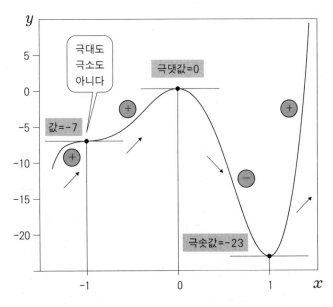

[그림 76] 증감표를 그래프로 나타낸다

● 최댓값과 최솟값, 극댓값과 극솟값

미분을 이용해 함수의 그래프를 그릴 때 한 가지 주의해야 할 것이 있습니다. '최댓값과 극댓값, 최솟값과 극솟값을 헷갈려 쓰지 않는 것'입니다.

이를테면 물리학에서 '에너지를 최소화한다', 경제학에서 '이익을 최대화한다'와 같은 문제를 해결해야 하는 경우가 있습니다. 이러한 문제를 해결할 때 기계적으로

$$미분 = 0$$

이 되는 방정식을 풀고 '중요점'을 계산해내면 그만이라고 생각하는 사람이 많은데, 그것은 올바른 방법이 아닙니다.

왜냐하면 극댓값이 반드시 최댓값이 된다고는 할 수 없고, 극솟값이 반드시 최솟값이 된다고도 할 수 없기 때문입니다. 앞서 설명한 바와 같이 극댓값은 '그 점의 가까이에서' 최대라는 의미이지, 그곳으로부터 멀리 떨어진 곳까지 포함한 범위에서도 최대라고는 할 수 없습니다. 최솟값도 그러합니다.

이러한 내용을 설교하듯이 기술하기보다는 그림으로 나타내는 쪽이 이해하기 쉬울 테니까 [그림 77]을 보기로 합시다. 이를테면 x 값의 범위를 -1.2부터 +1.2까지로 두고, 그 범위에서만 보면 최댓값은 1.4이고 최솟값은 -1.4라고 할 수 있습니다. 그러나 x의 범위를 늘려 -2에서 +2까지로 하면 최댓값은 4이고 최솟값은 -4가 됩니다.

'범위를 달리 하면 극댓값이 최댓값이 되지 않는 경우도 있고, 극솟값이 최솟값이 되지 않는 경우도 있다'라는 것입니다. 다시 말해서 최댓값, 최솟값은 x의 범위에 따라 달라집니다.

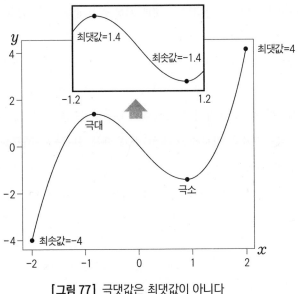

[그림 77] 극댓값은 최댓값이 아니다

● 그래프를 손으로 그려야 하는 이유

고등학교 시험에서는 함수의 그래프를 그리는 문제가 나옵니다.

그런데 함수의 그래프를 그리는 일은 이제 간단해졌습니다. 이 책에
나오는 그래프의 대부분은 'R'라고 하는 소프트웨어를 사용해 그렸습니
다. R는 본래 통계자료를 처리하기 위해 만든 공개 소프트웨어인데, 그
래프를 그릴 수도 있습니다. 약간의 지식만 있으면 그래프를 그리는 것
은 그다지 어렵지 않습니다. 그래프를 그리는 소프트웨어는 이것 말고
도 여러 가지가 있는데, 어느 것이나 손으로 그리는 것보다 훨씬 예쁘게
그려줍니다.

그러면 그래프를 일부러 손으로 그리는 데는 무슨 특별한 까닭이 있
는 걸까요? 사실 그래프를 그리는 것 자체에 커다란 의미가 있는 것은

아닙니다. 그래프를 그리는 문제를 시험에 출제하는 첫 번째 까닭은 '미분으로 함수의 변화를 이해한다'는 것을 몸으로 느끼게 하려는 것입니다. 이것은 전자계산기가 있음에도 구구단을 외우고 연필로 계산하는 연습을 하는 이유와 아주 비슷합니다. 몸으로 느끼지 않은 것은 바로 잊어버립니다. 공식만 외워서는 실제로 응용할 수 없기 때문입니다.

또 다른 까닭은 가르치는 쪽의 필요 때문입니다. 그래프를 그려보도록 하는 문제는 미분을 이해하고 있는지를 검사하는 데에 편리합니다.

그래프를 그리기 위해서는 먼저 '주어진 함수를 미분할 수 있어야 합니다'. 여기서 미분할 수 있는지 없는지가 검사됩니다. 그다음에 '미분이 0이 되는 x를 구하는 게 필요합니다'. 이것으로 '미분 = 0'이라는 방정식을 풀 수 있는지, 또 그 점에서 함숫값(극댓값, 극솟값 등)을 구할 수 있는지를 검사할 수 있습니다. 그리고 '미분이 0이 되는 점의 주위에서 미분의 부호가 어떻게 바뀌는지를 알아야 합니다'. 여기서 (조금 과장되기는 하지만) 부등식을 이해하고 있는지를 살펴볼 수 있습니다. 게다가 그래프를 그리게 하면, 함수의 부호가 바뀌어 있지는 않은지 살피는 주의력까지 검사할 수 있습니다. 이를테면 언제나 0 이상의 값만을 갖는 함수를 음수가 되는 그래프로 그린다면 주의력이 부족하다고 말할 수 있습니다.

이와 같이 함수의 그래프를 그리기 위해서는 종합적인 능력이 필요합니다. 미적분 이전에 배운 방정식, 부등식, 함수와 같은 지식을 모두 동원해야 합니다.

미적분을 이해할 수 없다고 하는 사람들 중 반 정도는 그전에 배운 수학에서 이해하지 못하고 남겨놓은 것이 있을 때가 많습니다. 그러한 여러 과제들이 미적분 문제를 풀 때에 커다란 짐이 되어, 앞으로 나아가려는 발걸음을 한순간에 무겁게 만들어버리고 맙니다.

미적분을 이해하지 못하겠다는 사람은 그전에 배운 것을 잊어버렸기 때문인지도 모르지요.

실제로 모르는 것입니다. 단순히 미적분 이전의 지식을 잊었기 때문에 미적분을 이해하지 못한다고는 생각하지 않습니다.

● 층계참이 있는 함수

함수의 그래프에 관해서는 대략 이제까지 설명한 것으로 충분합니다. 그러나 한 단계만 더 깊이 생각하면 현실 문제에 응용하는 것 중에서도 특히 '함수의 근사에 관한 지식'이라는 부산물을 얻을 수 있습니다.

그래서 이제까지 다룬 극대, 극소라는 생각에 더하여, 고등학교에서 그래프를 그릴 때에 거의 어김없이 계산을 하게 되는 **변곡점**을 소재로 해서 '함수의 근사 = 함수의 국소적인 모습'을 생각해봅시다.

함수의 그래프를 그릴 때 '미분 = 접선의 기울기'라는 사실을 이용했습니다. 이것은 '함수를 직선(= 접선)에 근사시킨다'고 하는 방법입니다. 그러나 극댓값, 극솟값을 갖는 점의 근방에서 함수의 형태가 직선 모양일까요? 아니, 오히려 봉우리 모양이거나 골짜기 모양입니다. 그러면 접선만으로는 함수의 형태를 충분히 파악할 수 없다는 뜻이 됩니다. 어떻게 하면 좋을까요?

중학교나 고등학교에서 배우는, 봉우리나 골짜기 모양으로 그려지는 가장 간단한 함수라면 '이차함수 = 포물선'입니다. 이것을 이용하면 어떨까요? 곧, 극댓값을 갖는 점의 근방에서는 직선보다는 '위로 볼록한 이차함수' 쪽이 함수의 움직임을 적절하게 나타냅니다. 극솟값을 갖는 점의 근방에서는 '아래로 볼록한 이차함수' 쪽이 더 낮습니다.

그래서 실제의 함수에 이차함수를 적용해본 것이 **[그림 78]**입니다. 근사시킨 이차함수는 각각 '중요점'을 꼭짓점으로 하는 포물선이 됩니다. '중요점'에서 멀어질수록 값의 차이가 커지지만, 봉우리 꼭대기와 골짜기 바닥 가까이에서는 선이 겹치면서 그다지 차이가 보이지 않을 정도입니다. 근사가 잘 되고 있다는 증거입니다.

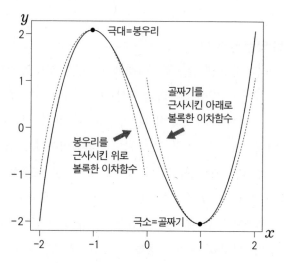

[그림 78] 함수를 이차함수(= 포물선)로 근사시킴

함수를 간단한 것부터 순서대로 나열하면

일차함수, 이차함수, 삼차함수, …

이 됩니다. 차수가 커짐에 따라 형태가 복잡해집니다(**그림 79**).

그러면 함수 $f(x)$를 일차함수, 이차함수, 삼차함수로 각각 근사시키는 것을 생각해봅시다. 단, 똑같이 근사라고 해도 '잘 근사시킬 수 있는 지 어떤지'는 위치에 따라 다릅니다. [그림 78]에서 본 바와 같이 봉우리 꼭대기와 골짜기 바닥에서는 일차함수보다 이차함수로 원래 함수를 더 잘 근사시킬 수 있습니다. 따라서 어떤 점 근방에서 생각할지에 따라 결과가 달라집니다.

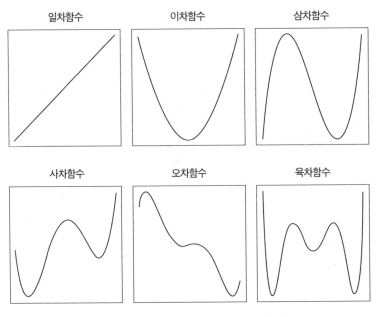

[그림 79] 함수의 차수와 모양이 복잡한 정도

대부분의 경우 일차함수, 이차함수를 가지고 함수의 특징을 파악할 수 있지만 예외도 있습니다. 그중 하나가 '층계참'입니다. 층계참 근방은 [그림 80]에서 동그라미로 둘러싸인 부분인데, 삼차함수로 잘 근사시킬 수 있습니다. 왼쪽이 $f(x) = x^3$의 그래프, 오른쪽은 $f(x) = -x^3$의 그래프입니다. 층계참 부분은 동그라미로 둘러싸인 부분을 세로로 늘이거나 줄이면 잘 근사시킬 수 있습니다.

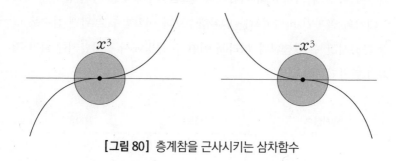

[그림 80] 층계참을 근사시키는 삼차함수

또 [그림 81]에도 '층계참'이 있습니다. 이 층계참의 점선은 점의 근방을 근사시키는 삼차함수입니다. 이 부분은 확실히 삼차함수가 가장 적합합니다. 봉우리의 꼭대기 근방은 이차함수가 적합하지만, 층계참 부분에서는 그렇지 않아서 삼차함수를 사용하지 않으면 잘 근사시킬 수 없습니다.

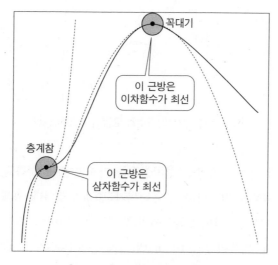

[그림 81] 층계참이 있는 함수

층계참이 없는 삼차함수의 형태는 **[그림 82]**와 같습니다.

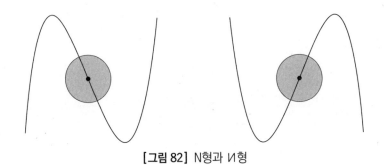

[그림 82] N형과 И형

왼쪽은 영어 알파벳 N과 비슷합니다. 오른쪽은 N의 좌우를 바꿔놓은 것 같은 모양입니다. 러시아어의 И(이)와 비슷하므로 필자 나름대로 '엔형', '이형'이라 부르고 있습니다.* 이(И)형이 가장 적합한 예를 **[그림 83]**에서 보도록 합시다.

[그림 83]의 점 P 근방은 접선으로도 잘 근사시킬 수 있을 것입니다. 그런데 접선과 함수(곡선)의 위치관계를 보면 '접선에 대해 왼쪽의 점은 접선보다 위쪽에, 오른쪽의 점은 접선보다 아래쪽에 있다'는 특징이 있습니다.

이와 같은 현상이 적용되지 않는 예도 있습니다(**그림 84**). 여기에서는 검은 점의 가까이에서 함수(곡선)가 접선의 위쪽에 자리하고 있습니다. 곧, 접점 근방에서 접선과 곡선의 위아래 관계가 바뀌지 않습니다.

[그림 83]과 같이 '어떤 점을 경계로 접선의 위아래 관계가 뒤바뀌는

---

* И는 실은 N과는 아무런 관계가 없으며 I를 두 번 연결한 것이다. I와 I이므로 '이'를 길게(II) 발음한다.

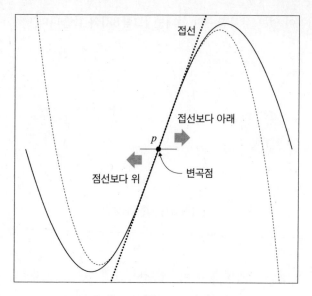

[그림 83] N형이 가장 적합한 점

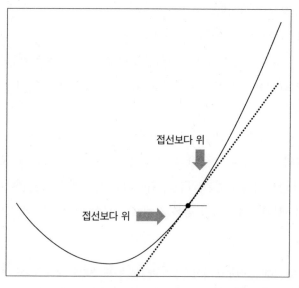

[그림 84] 함수(곡선)가 접선보다 위에 있는 경우

점'을 '변곡점'이라고 합니다. 글자 그대로 '구부러지는 양상이 바뀌는 점'이라는 의미입니다. 변곡점이 나타나는 함수의 형태로는 N형, И형과 같은 형태가 있으며, 함수가 변화하는 양상이 변곡점에서 바뀌게 됩니다.

그런데 함수 $f(x)$를 미분한 $f'(x)$는 접선의 기울기를 나타내는데, 이것을 다시 한 번 더 미분하면 기울기의 변화율을 알 수 있습니다. 식으로 쓰면 $f''(x)$가 됩니다.

이것을 가지고 변곡점의 앞뒤에서 접선의 기울기가 어떻게 바뀌는지를 구체적으로 생각해봅시다. 그래프가 И 모양일 때는 '(기울기가) 차츰 커지고' 나서 '차츰 작아집니다'. 곧 '기울기(미분)의 변화율 $= f''(x)$'가 양수에서 음수로 바뀝니다. N형일 때는 거꾸로 음수에서 양수로 바뀝니다. 그러므로 변곡점에서는 기울기(미분)의 변화율이 정확히 0이 됩니다. 여기까지 이해해야 비로소 그래프다운 그래프를 그릴 수 있습니다.

이와 같은 경우에는 일차함수나 이차함수보다 삼차함수가 더욱 잘 들어맞습니다. [그림 83]에서 점선으로 그려진 곡선은 삼차함수를 적용시킨 것인데 아주 좋은 근사가 되고 있습니다.

미적분을 응용할 때에는 복잡한 형태의 함수가 나오게 되지만 복잡한 함수라도 일차, 이차, 삼차함수로 근사시키면 값을 어림셈할 수 있습니다. 이를테면 삼각함수의 값을 전자계산기로 계산할 때에도 이러한 근사를 이용하는 것입니다.

미분은 욕심을 갖고 하세요

● 이상적인 아이스크림콘

필자는 초등학생 시절에 아이스크림콘의 고깔 모양의 과자(**그림 85**)에 아이스크림을 꽉꽉 눌러 담는 놀이에 푹 빠졌던 적이 있습니다.

[그림 85] 아이스크림콘

보통 아이스크림은 고깔 모양의 과자 위에 얹혀 있는데 그것을 혀로 꽉꽉 눌러 담아보는 것입니다. 실제로 해보면 그다지 많이 들어가지는 않습니다. 아이스크림을 먹지 않은 채 눌러 담으면 고깔을 다 채우고도 아이스크림이 조금 남게 됩니다. 남은 아이스크림은 물론 먹어치우지요.

필자는 문득 생각해 보았습니다. '아이스크림이 가장 많이 들어갈 수 있는 고깔은 어떻게 생겼을까?' 하고요. 어쨌든 초등학생이 생각하는 것이니까, 계산으로 하지는 못하고 실제로 만들어보는 수밖에 없습니다. 실험하는 방법은 간단합니다. 두꺼운 종이에 컴퍼스로 원을 그리고, **[그림 86]**과 같은 부채꼴을 만듭니다. 반지름은 계산하기 좋게 10cm로 합니다.

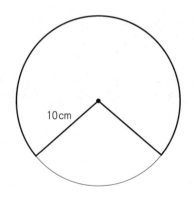

[그림 86] 두꺼운 종이에 컴퍼스로 원을 그리고 부채꼴을 만든다

실제로 실험할 때에는 두꺼운 종이에 원을 그리고 나서 가위로 오려 냅니다. 그런 다음 중심까지 똑바로 자르고(**그림 87**) 고깔 모양으로 둥글게 만 다음 끝을 투명 테이프로 고정시킵니다(**그림 88**).

완성된 고깔 모형이 **[그림 89]**입니다. 부채꼴의 각도를 바꾸려면, 둥글게 말 때 겹치는 부분을 조절하면 됩니다. 이 고깔 모양의 용기에 (아이스크림 대신에) 모래를 넣고 그 양을 재는 것입니다.

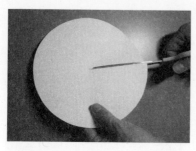

[그림 87] 둥글게 오려낸 두꺼운 종이를 중심까지 자른다.

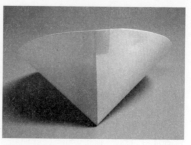

[그림 88] 끝을 투명 테이프로 고정시킨다.

[그림 89] 위에서 본 모양

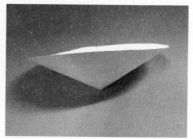

[그림 90] 이상적인 아이스크림콘?

여러 가지로 연구해본 결과, 아이스크림이 가장 많이 들어가는 콘은 **[그림 90]**과 같이 깊이가 아주 얕은 고깔이었습니다.

고깔의 깊이가 **[그림 90]**보다 깊거나 얕으면, 어느 쪽이든 이보다는 아이스크림이 적게 들어갑니다. 마음에 딱 드는 모양이란 이렇게 옆으로 퍼진 고깔이 되는 것입니다. 그런데 여기에 아이스크림콘이라는 이름을 붙이자니 좀 어색하네요. 굳이 말한다면 삿갓이라고 할 수 있겠습니다. 이런 결과는 상당히 뜻밖이지 않나요? 고깔이 좀 더 뾰족한 모양일 때 아이스크림이 많이 들어갈 것 같은 느낌이 드는데 말이죠.

이 실험은 '실제로 만든다'는 소박한 방법이어서 밑면의 반지름과 깊이를 정확하게 알 수는 없습니다. 초등학생의 한계입니다.

그러나 우리는 이 의문을 정확히 해결할 수 있습니다. 문제를 식으로 세워봅시다.

x ─

10cm

깊이

[그림 91] 문제를 식으로 세운다

먼저 고깔 밑면의 반지름을 x(cm)라고 합시다. 그러면 피타고라스 정리로부터

$$고깔의\ 깊이 = \sqrt{100 - x^2}\ (cm)$$

가 됩니다. 여기서 설명을 간단히 하기 위해, 종이의 두께는 무시하고 들이와 부피가 같다고 합시다. 밑면인 원의 넓이는 $\pi x^2(cm^2)$입니다.

고깔의 들이인 y 를 계산하는 것이므로 원뿔의 부피를 구하는 공식을 사용합니다. 곧,

밑넓이$(\pi x^2) \times$ 높이(고깔의 깊이 $= \sqrt{100-x^2}$) $\times \frac{1}{3}$로부터

$$y = \frac{1}{3} \pi x^2 \sqrt{100-x^2}$$

으로 나타낼 수 있습니다.

이것을 컴퓨터 프로그램을 사용해 그래프로 나타내면 **[그림 92]**와 같습니다.

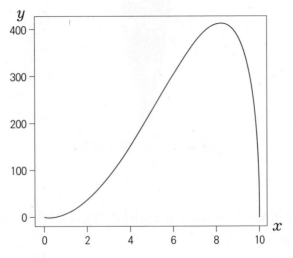

[그림 92] 밑면의 반지름과 아이스크림콘 들이의 관계

그래프를 살펴보면 '들이가 가장 커지는 것은 밑면의 반지름이 8cm 부근'임을 알 수 있습니다. 그렇다면 정확한 값은 얼마일까요? 이것을 계산해봅시다.

근호가 있어서 함수가 복잡하므로 '들이가 가장 크다'라는 의미를 다시 생각해봅시다. 곧, '들이가 가장 크다'일 때 '들이의 제곱도 가장 크

다'가 되고, 거꾸로 '들이의 제곱이 가장 크다'라고 하면 '들이도 가장 크다'가 될 것입니다.

곧,

'y가 가장 크게 될 수 있는 x를 구한다'

라는 문제를 풀기 위해서는

'y^2이 가장 크게 될 수 있는 x를 구한다'

라는 문제를 풀면 됩니다. 제곱하면 근호가 없어지니 다행스러운 일입니다.

그래서 y^2은

$$y^2 = \frac{1}{9}\pi^2 x^4(100 - x^2)$$

가 됩니다. $\frac{1}{9}\pi^2$은 상수로서 x의 값이 바뀌어도 달라지지 않으므로 문제를 풀기 위해서는

$$f(x) = x^4(100 - x^2) = 100x^4 - x^6$$

을 최대로 하는 x를 계산하면 됩니다. 결국 접선의 기울기가 0이 되는 곳을 찾으면 되는 것입니다. 바꿔 말하면 $f'(x)$를 계산하여 $f'(x) = 0$(미분 = 0)이 되는 x를 구하면 됩니다.

$f'(x)$를 계산할 때는 '더하고 나서 미분하는 것과 미분하고 나서 더

하는 것은 같다', '빼고 나서 미분하는 것과 미분하고 나서 빼는 것은 같다'라는 성질이 있는 것을 이용합니다.

어째서 그럴까요? 거칠게나마 설명해봅시다. x가 Δx만큼 증가할 때의 함수 g와 h의 증가분을 각각 Δg, Δh라고 하면 $g + h$의 증가분의 합계는 $\Delta g + \Delta h$가 됩니다(**그림 93**).

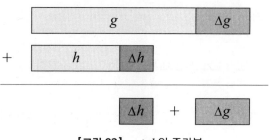

[**그림 93**] $g + h$의 증가분

이것을 Δx로 나눈 것은

$$\frac{\Delta g + \Delta h}{\Delta x} = \frac{\Delta g}{\Delta x} + \frac{\Delta h}{\Delta x}$$

가 됩니다. 여기서 Δx를 0에 가까이 가져가면

$$\frac{\Delta g}{\Delta x} + \frac{\Delta h}{\Delta x} \;\Rightarrow\; \frac{dg}{dx} + \frac{dh}{dx}$$

가 됩니다.

곧, '더하고 나서 미분한 것은 미분하고 나서 더한 것과 같다'입니다. 이것은 뺄셈에 대해서도 마찬가지이므로 '빼고 나서 미분하는 것과 미

분하고 나서 빼는 것은 같다'입니다. 이 사실을 이용합니다.

96쪽에서 설명한 '거듭제곱의 미분 공식'에 의해 $(x^4)' = 4x^3$, $(x^6)' = 6x^5$이므로 이것을 적용하면

$$f'(x) = 400x^3 - 6x^5 = x^3(400 - 6x^2)$$

입니다. 이것이 0이 되도록 하는 x를 구하면 됩니다.

$$x^3(400 - 6x^2) = 0$$

이라는 것은 $x > 0$이어야 하므로

$$400 - 6x^2 = 0$$

과 같고

$$6x^2 = 400$$

곧,

$$x^2 = \frac{400}{6}$$

이 됩니다. 여기서 $0 < x < 10$ (cm)의 범위에 있는 것은

$$x = \sqrt{\frac{400}{6}} = 8.164965 \cdots \text{ (cm)}$$

입니다. 약 8cm이지요.

이것으로 깊이를 계산해내면

$$\sqrt{100 - x^2} = \sqrt{\frac{100}{3}} = 5.773502\cdots \text{(cm)}$$

가 됩니다. 약 5.8cm입니다. 비율이 유지되도록 아이스크림콘을 가공하면 [그림 94]와 같은 모양이 됩니다.*

[그림 94] 이상적인 아이스크림콘

 이런 아이스크림콘은 마음에 들지 않는군요, 하하하.

---

* 고깔의 경사면을 10, 고깔의 깊이를 x로 두면 밑면의 반지름은 $\sqrt{10^2 - x^2}$이다. 이때 밑면의 넓이가 $\pi(\sqrt{100 - x^2})^2 = \pi(100 - x^2)$이므로 고깔의 부피는 $y = \frac{1}{3}\pi(100 - x^2)x = \frac{1}{3}\pi(100x - x^3)$이 된다. 그러면 계산하는 중간에 굳이 제곱을 하지 않아도 된다.(옮긴이)

● '무시한다, 무시하지 않는다'의 경계선

제1장에서는 여러 가지 도형을 잘게 잘라 직사각형이나 직육면체, 원판의 모음이라 생각하고 넓이나 부피를 계산하는 '적분'의 방법을 설명했습니다. 요약하면, 가늘게 썰면 썰수록 근사가 잘 됩니다. 곧, '작게 하는 것'에 의미가 있습니다.

한편 제2장에서는 미분할 때 '조금만 변화하는 부분은 무시한다'고 설명했습니다.

이에 대해 억지스럽다는 느낌을 받은 독자도 있으리라 생각합니다. 왜 '적분은 작은 부분에 의미가 있고, 미분에서는 작은 부분을 무시해도 된다'고 하는 것인지, 무엇을 무시하고 무엇을 무시하지 말아야 하는지가 뚜렷이 드러나지 않는다고 생각할 수도 있습니다.

이 억지스러움은 미적분이 쓰이는 '목적'에서 비롯된 것입니다. 미적분을 사용할 때에 가장 중요한 것은, 목적을 충족시킬 수 있을 정도에 맞춰 작은 부분을 무시하고 근사시키는 것입니다. 의도를 가지고서, 무언가 성과를 노리고 행하는 것입니다.

미적분은 순수한 흥미만으로 발전해온 수학이 아닙니다. 미적분에 등장하는 여러 가지 개념과 계산 기술은 까닭 없이 나온 것이 아닙니다. 미적분의 어떠한 개념, 계산 기술에는 반드시 목적의식이 있습니다. 미적분은 체계가 세워져 있는 학문이지만 실제적인 면에서 방대한 방법론의 집적이기도 합니다. 심오한 부분이 없는 것은 아니지만 대부분은 '이렇게 생각하면 잘 된다' 하는 이야기들을 모은 것입니다.

미적분을 배운 사람이라면 어렴풋이 느끼고 있으리라 생각하는데, '이런 때는 이 공식을 사용하면 잘 된다'라는 것은 순수하게 방법론이지, 잘 되는 까닭을 설명하는 경우는 좀처럼 없었습니다. 이것은 더 높은 수준의 미적분(해석학)에서도 마찬가지여서, 첨단으로 가면 갈수록 방법론적인 느낌이 강해집니다. 요컨대 거기에는 어떤 목적이 있습니다.

작은 부분을 소중히 여긴다든지 그러지 않는다든지 하는 변덕을 부리는 것이 아니라, 수학적으로 앞으로 나아갈 수 있으므로 그것을 사용한다는 것이 진짜 이유입니다. 편리하다고 생각하기 때문에 사용하는 것입니다. 작은 부분을 대수롭지 않은 것이라고 여겨 무시할 수 있는지 없는지는 '그것에서 긍정적인 성과물이 나오는지 아닌지'로 판단합니다. 미적분은 성과주의의 산물입니다.

3

미적분의 가능성을
탐구하다

1

1800년 만에 밝혀진 진실

● 군대식으로 공부하지 않기

지라시초밥(일본식 덮밥의 한 종류)을 만드는 일은 어렵습니다. 밥을 짓고, 밥에다 넣을 재료들을 잘게 썰고 데치거나 삶습니다. 조리할 양에 맞춰 각각의 식재료를 미리 구입해서 주의를 기울여 준비해놓아야 합니다. 끈기가 있어야 하는 일입니다.

그러나 이런 작업들이 자신의 목적을 이루는 데 필요하다는 것을 알고 있으므로 요리를 하는 사람은 성가신 일일지라도 적절하게 해낼 수 있습니다. 이럴 때 '다 완성된 밥'의 이미지가 중요합니다. 만일 '지라시초밥을 만든다'라는 목적을 잊은 채 일반 초밥용 생선이나 젓갈용 작은 생선을 사들이는 모습을 본다면, 아무리 자제를 잘하는 사람이라도 조금은 짜증을 내게 되지 않을까요?

학교에서 미적분을 가르치는 방법은 사실 목적 없는 장보기에 가깝습니다. 나중에 사용할 테니 빠짐없이 준비해두는 것이 최우선입니다. 모든 준비가 갖춰지면 '앞에서는 이런 것을 공부했습니다. 다음에는 이것을 사용합시다' 하는 방식으로 진행합니다. 마지막까지 그 일의 '의미'를 알려주지 않은 채 목적지로 데리고 갑니다.

말하자면 군대식으로 설명하는 것이지요.

말씀이 좀 지나치신 것 같아요. 좋은 점도 있지 않나요?

이 방법의 장점은, 이미 갖고 있는 지식을 전제로 필요할 때 필요한 이야기를 풀어나갈 수 있다는 것입니다. 이 방법은 교과서를 쓰는 데에는 좋은 방식입니다. 쪽수를 줄일 수도 있고 설명하는 시간을 줄여주기도 합니다. 짧은 시간에 많은 것을 가르치려고 하는 학교 시스템에서는 변통하기 좋은 방법입니다. 그러나 배우는 처지에서 보면 목표 지점은 알지도 못한 채 계속 달려가는 듯한 상황에 놓이게 됩니다. 아무리 의무라고는 해도 목적의식 없이 공부하는 것은 좀 괴로운 일일 것입니다.

그래서 이 책에서는 되도록 '문제 해결형'으로 설명하고자 합니다. 앞장에서 말한 바와 같이 미적분에는 반드시 목적이 있고, 그 목적을 이루기 위해서는 반드시 해결해야 할 구체적인 문제가 있을 터이기 때문입니다.

제3장에서는 '학교에서 배웠지만 어딘지 모르게 잘 이해가 되지 않는 것'을 주제로, 미적분의 본질을 파악해가고자 합니다.

● 위대한 발견에서 당연한 사실로

'미적분학의 기본 정리'는 미적분의 심장이라고 할 수 있습니다. 참치로 말하자면 뱃살에 해당한다고 할 정도로 가장 중요한 정리입니다. 고등학교 교과서에도 어김없이 실려 있는데, '미분과 적분은 역의 조작이다'라는 식으로 쓰여 있습니다.

확실히 이 기술이 틀린 것은 아닙니다. 그러니 '옳은가?' 하고 묻는다면, 물론 옳습니다.

미적분학의 기본 정리는 '미분과 적분이 역'이라는 것이군요. 그런데 그게 어떻다는 거예요?

음, 이 정리의 깊이가 미처 전달되지 않은 것 같군요. 적분법이 발견되고 나서, 뉴턴이 그것을 미적분학으로 정리하기까지 약 1800년이라는 세월이 필요했을 정도로 심원한 것이랍니다.

'미분과 적분은 역의 조작이다'라고 하는, 무척이나 간결한 이 한 문장이 구체적으로 뜻하는 것은 무엇일까요? 그 본질을 꼭 알기 바랍니다.

원과 구는 어딘지 닮은 물체입니다. 원과 구에 대해 이런 이야기가 있습니다.

(1) '원의 넓이'를 미분하면 '원둘레의 길이'가 되고,
(2) '구의 부피'를 미분하면 '구의 겉넓이'가 된다.

뭔가 멋진 말처럼 들리는데, 이것들이 정말일까요?

(1) 반지름이 r인 원의 넓이는 아래와 같이 표현됩니다.

$$\pi r^2$$

r로 미분하면

$$2\pi r$$

가 됩니다. 이것은 반지름이 r인 원둘레의 길이와 똑같습니다.

(2) 반지름이 r인 구의 부피는

$$\frac{4}{3}\pi r^3$$

입니다. r로 미분하면

$$4\pi r^2$$

입니다. 이것은 반지름이 r인 구의 겉넓이를 구하는 공식이 됩니다.

 어쩐지 여우에 홀린 듯한 느낌이 드는데요. 이것은 우연인 건가요?

 사실은 우연이 아닙니다. 계산만이 아니라 그림으로도 확인해봅시다. 어떤 관계가 있는지 일목요연하게 보일 것입니다.

(1) 반지름이 r인 원(원판)의 넓이를 r의 함수로써 다음과 같이 나타내도록 합시다.

$$S(r) = \pi r^2$$

그러고 나서 예를 들어 '원의 반지름을 Δr 만큼 늘였을 때 넓이가 얼마만큼 늘어나는지'를 생각해봅시다. **[그림 95]**의 커다란 원을 봐주십시오. 원의 반지름이 Δr 만큼 길어지면 어디가 늘어날까요? 바로 가늘고 둥근 테 모양이 늘어난 부분입니다. 이 둥근 테의 넓이를 구하면 대략

원둘레의 길이 $\times \Delta r$

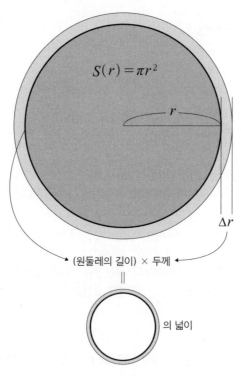

[그림 95] 원판을 미분한다

가 될 것입니다. 곧, 넓이의 증가분(ΔS)은

$$\Delta S \fallingdotseq \text{원둘레의 길이} \times \Delta r$$

가 됩니다.

 여기서 '대략 같다($\fallingdotseq$)'는 기호가 나왔습니다. 왜냐하면 바깥쪽 원의 둘레 길이가 안쪽 원의 둘레 길이보다 아주 조금 길기 때문입니다. 필요한 것이기는 하지만 '대략'이라는 말은 흐리터분하여 썩 좋은 느낌이 들지 않습니다. 할 수 있다면 등호로 말끔하게 나타내면 좋겠습니다.

 그러려면 먼저 양변을 Δr로 나누어

$$\frac{\Delta S}{\Delta r} \fallingdotseq \text{원둘레의 길이}$$

로 하고 $\Delta r \to 0$의 극한을 취합니다. 그러면 '대략'이 떨어져 나가서

$$\frac{dS}{dr} = \text{원둘레의 길이}$$

가 되고

'원의 넓이'의 미분 = '원둘레의 길이'

가 분명하게 성립합니다.

 (2) '구의 부피의 미분 = 구의 겉넓이'도 (1)과 같은 요령으로 생각할 수 있습니다.

반지름이 r인 구의 부피는

$$V(r) = \frac{4}{3}\pi r^3$$

입니다.

원의 경우와 마찬가지로 '구의 반지름을 Δr 만큼 늘렸을 때 부피가 얼마만큼 늘어나는지'를 생각해봅시다. 부피의 증가분은 [그림 96]에서 보면 아주 얇은 막과 같은 부분입니다. 탁구공을 예로 들면, 셀룰로이드로 된 부분(탁구공 그 자체)이라고 말할 수 있지 않을까요? [그림 96]은 알아보기 쉽도록 좀 과장해서 두껍게 나타냈습니다. 이 얇은 막의 부피는 대략

구의 겉넓이 × Δr

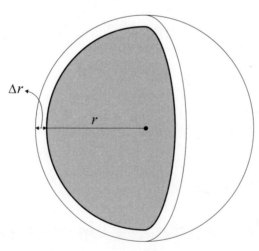

[그림 96] 구의 부피를 미분한다

가 될 것입니다.

곧, 부피의 증가분 ΔV는

$$\Delta V \fallingdotseq \text{구의 겉넓이} \times \Delta r$$

가 됩니다. 원의 경우와 마찬가지로 양변을 Δr로 나누고 $\Delta r \to 0$의 극한을 취하면

$$\frac{dV}{dr} = \text{구의 겉넓이}$$

가 됩니다. 바로 앞에서 원의 넓이를 미분하면 원둘레의 길이가 되었는데, 그것과 같은 원리로

$$\text{'구의 부피'의 미분} = \text{'구의 겉넓이'}$$

가 성립함을 알 수 있습니다.

이것으로부터 앞에서 기술한 불가사의한 이야기 (1), (2)가 성립하는 까닭을 알았습니다.

사실은 이 관계가 바로 '미적분학의 기본 정리'입니다. 제1장과 제2장에서는 적분과 미분을 따로따로 다루었지만, 사실 이 둘은 같은 것을 다른 각도에서 바라본 것일 뿐이었습니다. 좀 더 상세하게 말하면 다음과 같습니다.

첫째로 '원의 넓이를 미분한다'는 것은 궁극적으로는 (Δr를 0으로 가까이 가져간 극한에서는) 원을 아주 가는 둥근 테로 분할하는 조작이라고 생각할 수 있습니다. 곧, 투박하게 말하자면

원판에서 동심원으로 놓인

아주 가는 둥근 테 하나를 떼어낸 것,

이것이 미분입니다.

　한편으로

아주 가는 둥근 테의 넓이를 모두 더하면

원의 넓이가 구해진다

가 됩니다(**그림 97**). 이것은 적분입니다.

　원둘레의 길이 $L(r)$에 Δr를 곱한 둥근 테의 넓이($\fallingdotseq L(r)\Delta r$)를 모두 더하면 원의 넓이가 됩니다. 그러므로 원의 넓이 πr^2은

$$\pi r^2 = \int_0^r L(r)\,dr = \int_0^r 2\pi r\,dr$$

와 같아집니다. 곧,

$$\int_0^r 2\pi r\,dr = \pi r^2$$

이 성립합니다. 이 등식의 양변을 2π로 나누면

$$\int_0^r r\,dr = \frac{1}{2}r^2$$

이라는 식을 얻을 수 있습니다.

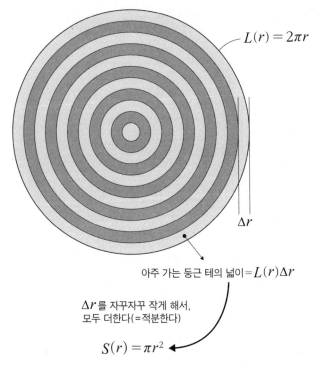

$$L(r) = 2\pi r$$

$$\Delta r$$

아주 가는 둥근 테의 넓이 $= L(r)\Delta r$

Δr를 자꾸자꾸 작게 해서,
모두 더한다(=적분한다)

$$S(r) = \pi r^2$$

[그림 97] 이번에는 아주 가는 둥근 테의 넓이를 모두 더한다

둘째로 구에서도 '겉넓이 $\times \Delta r$'를 모두 더하면 구 전체의 부피가 구해질 것입니다. 그러므로

$$\int_0^r 4\pi r^2 dr = \frac{4}{3}\pi r^3$$

이 성립하게 됩니다. 이 등식의 양변을 4π로 나누면

$$\int_0^r r^2 dr = \frac{1}{3}r^3$$

이 됩니다.

미분 공식

$$(r^2)' = 2r$$
$$(r^3)' = 3r^2$$

을 따라가면 적분 공식

$$\int_0^r r\,dr = \frac{1}{2}\,r^2$$

$$\int_0^r r^2\,dr = \frac{1}{3}\,r^3$$

을 얻을 수 있습니다.

곧, 아주 가는 둥근 테와 같이

아주 가는 조각으로 '분할하는' 조작이 미분

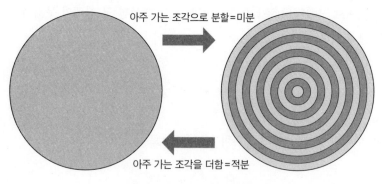

[그림 98] 미분과 적분의 관계

이고 거꾸로

아주 가는 조각을 '더하는' 조작이 적분

입니다(그림 98).

미분과 적분은 동전의 양면처럼 정반대의 관계에 있습니다.

● 기본 정리의 쓰임새

'미적분학의 기본 정리'는 이해를 하고 나면, 사실 단순한 정리입니다. 그러나 이 정리가 대단한 것은 매우 넓은 범위에서 응용될 수 있다는 데에 있습니다. 그저 평범해 보이는 것치고는 쓰임새가 많습니다.

그 하나의 예로써 '거듭제곱의 미분 공식'

$$(x^\alpha)' = \alpha x^{\alpha-1}$$

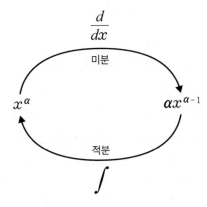

[그림 99] 거듭제곱의 미분 공식으로부터 적분 공식을 만든다

으로부터 '거듭제곱의 적분 공식'을 만들어봅시다.

미적분학의 기본 정리에 따르면 거듭제곱의 미분 공식이 지닌 의미는 **[그림 99]**와 같이 표현할 수 있습니다.

곧, 거듭제곱의 미분 공식은

$$\alpha x^{\alpha-1} \text{의 적분은 } x^{\alpha} \text{이다}$$

라는 것을 의미하고 있습니다.

α의 값을 바꿔가면서 나타내보면

$$3x^2 \text{의 적분은 } x^3$$
$$4x^3 \text{의 적분은 } x^4$$

…과 같은 식으로 계속 이어집니다. 각각의 식(을 풀어 쓴 글)의 양변을 3, 4로 나누면 다음과 같이 됩니다.

$$x^2 \text{의 적분은 } \frac{1}{3}x^3$$

$$x^3 \text{의 적분은 } \frac{1}{4}x^4$$

적분 식을 끝없이 늘어놓아도 그것이 의미하는 바는 단순합니다. 곧, 일반적으로 '지수에 1을 더한 것'을 분모와 x의 오른쪽 위에 첨자로 놓아

$$x^{\beta} \text{의 적분은 } \frac{1}{\beta+1}x^{\beta+1} \text{이다}$$

가 되는 것입니다.

그런데 한 가지 주의해야 할 점이 있습니다. 실은 지금까지는 '적분'이라는 말을 조금쯤은 의미가 모호한 채로 사용해 왔습니다. 이를테면 방금 설명한 거듭제곱 함수에서는 분명히

$$\frac{1}{\beta+1} x^{\beta+1} \text{을 미분하면 } x^{\beta}$$

이 됩니다.

그런데 미분하여 x^{β}이 되는 함수는 이 밖에도 또 있습니다. '미분하였을 때 0이 되는 함수'를 빼놓고 있었습니다. 이것은 중요한 문제입니다. 곧,

$$\frac{1}{\beta+1} x^{\beta+1} + (\text{미분하면 0이 되는 함수})$$

도 미분하면 x^{β}이 되기 때문입니다.

'미분하였을 때 0이 되는 함수'란 요컨대 '변화가 없는 함수'입니다. 이것을 '상수함수'라고 합니다. 상수함수는 그래프의 기울기가 0이고, 값이 언제나 같은 함수입니다. 상수의 값을 C라고 하면

$$y = f(x) = C$$

로 나타낼 수 있습니다.

[그림 100]을 보면 알 수 있듯이 상수함수에는 변화가 없습니다. C는 상수이기만 하면 무엇이든 상관없습니다. 100이거나 −50이거나 10조여도 괜찮습니다. 중요한 것은 '변화가 없다'는 것이지, 그 크기는 문제

가 되지 않습니다.

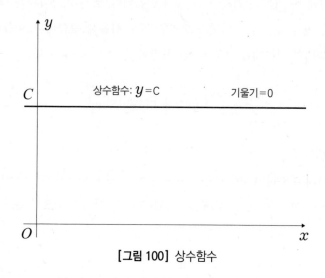

[그림 100] 상수함수

그래서 지금까지 해온 것을 좀 더 정확하게 정리하면

$$x^\beta \text{의 적분은} \ \frac{1}{\beta+1} \ x^{\beta+1} + C$$

가 됩니다. 이것을 기호로

$$\int x^\beta dx = \frac{1}{\beta+1} \ x^{\beta+1} + C$$

라고 표현합니다. 이것이 거듭제곱의 적분 공식입니다.

이와 같이, 미분하여 $f(x)$가 되는 함수를 '$f(x)$의 원시함수'라 하고

$$\int f(x)dx$$

로 씁니다.*

어쨌든 원시함수에는 '하나로 정해지지 않는 C라는 항'이 남습니다. 이것으로부터, '적분하여 원시함수를 구하는 것'을 부정(不定, 정해지지 않음)적분이라고 합니다. 그리고 이제까지 다루어온 것처럼 넓이와 부피를 구하는 적분을 정적분이라고 합니다. 부정적분의 경우에는 정적분과 달리 '어디부터 어디까지 적분한다'는 것을 쓰지 않습니다.

C가 남아 있으면 쓸데없는 장식이 붙은 것 같아서 거추장스럽게 여길 수도 있겠지만, 마음에 두지 않아도 괜찮습니다. 왜냐하면 넓이 등을 계산할 때면 C는 소거되어 버리기 때문입니다.

이를테면 **[그림 101]**과 같은 그래프에서 색칠한 부분의 넓이는 정적분 기호로

$$\int_a^b f(x)dx$$

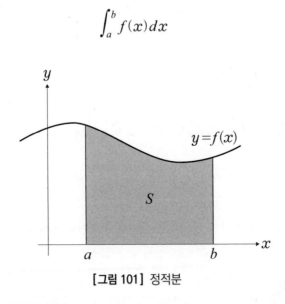

[그림 101] 정적분

---

* 교과서에서는 대문자로 $F(x)$와 같이 나타내고 이것을 적분 기호로 쓰고 있는데, 여기서는 본질적인 것이 아니므로 생략한다.

라고 쓸 수 있습니다. 이 정적분의 값은

$$\int_a^b f(x)\,dx$$
$$= [x = b \text{일 때의 부정적분의 값}] - [x = a \text{일 때의 부정적분의 값}]$$

이라는 식으로 표현됩니다.

그래서

$$f(x) = x^\beta$$

으로 놓으면 이미 본 바와 같이 그 부정적분은

$$\frac{1}{\beta+1}\, x^{\beta+1} + C$$

가 되는데, 넓이를 계산하면

$$\int_a^b x^\beta\,dx = \left(\frac{1}{\beta+1}\, b^{\beta+1} + C\right) - \left(\frac{1}{\beta+1}\, a^{\beta+1} + C\right)$$

$$= \frac{1}{\beta+1}\, b^{\beta+1} - \frac{1}{\beta+1}\, a^{\beta+1}$$

이와 같이 상수항은 뺄셈으로 깔끔하게 소거되어 버립니다.

 정말요? 수식이 길어서 잘 이해가 되지 않는데요.

자, 두 개의 예를 가지고 확인해볼까요? 먼저 이해하기 쉬운 사다리꼴의 넓이부터 봅시다.

여기에 기울기가 $45°$인 오른쪽 위로 올라가는 직선 $y = x$가 있습니다. $x = 1$과 $x = 2$ 사이의 넓이는 얼마일까요(**그림 102**)?

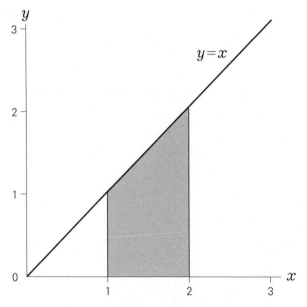

[**그림 102**] 적분 공식으로 넓이를 계산한다(직선의 경우)

이것은 사다리꼴이므로 넓이는 (윗변 + 아랫변) × 높이 ÷ 2의 공식으로 계산할 수 있습니다. 주어진 사다리꼴에서 세로로 놓인 선분을 윗변과 아랫변이라 하고, x축 위에 놓인 선분을 높이라고 합시다. 그러면 윗변은 $x = 1$일 때의 y의 값이므로 $y = x = 1$이 됩니다. 아랫변도 마찬가지로 $x = 2$일 때의 y 의 값이므로 $y = x = 2$가 됩니다. 높이는 $2 - 1 = 1$이므로 넓이는

$$(\text{윗변} + \text{아랫변}) \times \text{높이} \div 2 = (1 + 2) \times 1 \div 2 = \frac{3}{2}$$

이 됩니다.

한편 적분 공식을 사용하면

$$\int_1^2 x^1 dx = \frac{1}{1+1} \, 2^{1+1} - \frac{1}{1+1} \, 1^{1+1} = \frac{3}{2}$$

이 됩니다. 사다리꼴의 넓이 공식으로 계산한 결과와 완전히 일치한다는 것을 알 수 있습니다.

다음으로 포물선의 경우는 어떨까요?

[그림 103]은 포물선 $y = x^2$의 그래프입니다. $x = 1$에서 $x = 2$까지의 넓이를 계산해봅시다. 이번에는 '사다리꼴의 넓이 공식' 같은 것은 쓸 수 없으므로 적분할 수밖에 없습니다.

적분 공식을 적용하면

$$\int_1^2 x^2 dx = \frac{1}{2+1} \, 2^{2+1} - \frac{1}{2+1} \, 1^{2+1} = \frac{7}{3}$$

이 됩니다. 눈 깜짝할 사이에 답이 나옵니다. 적분이 없었다면 도저히 계산하지 못했을 것입니다. 적분은 대단한 것입니다.

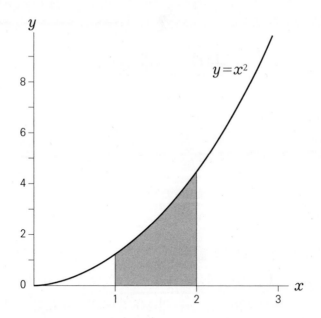

[그림 103] 적분 공식으로 넓이를 계산한다(포물선의 경우)

덧붙여서 앞에서 다룬 원의 넓이, 구의 부피에 관한 이야기를 할 때가 되었습니다.

$$\int_0^r r\,dr = \frac{1}{2}\,r^2$$

$$\int_0^r r^2\,dr = \frac{1}{3}\,r^3$$

이라는 공식은 x가 r로 바뀌었을 뿐, 거듭제곱의 적분 공식에서 특별한 경우(각각 $\beta = 1$일 때, $\beta = 2$일 때)인 것입니다.

2

구멍을 메우다

● 네이피어 수는 어디서 왔을까?

예전에 가르쳤던 학생(이공계 대학 졸업생)으로부터 '네이피어 수라는 것은 도대체 무엇입니까?' 하는 질문을 전자우편으로 받은 적이 있습니다. 수학자 네이피어(J. Napier, 1550~1617)의 이름을 딴, 네이피어 수란 다음과 같은 수입니다.

$$e = 2.718281828459045235360287471352\cdots$$

고등학교에서 사용하는 미적분 교과서에서는 일부러 인공적인 극한을 생각해내고 그 극한값을 네이피어 수라고 설명하고 있습니다. 질문을 보내온 그 졸업생도 네이피어 수의 '정의'는 기억하고 있었습니다. 그러나 왜 이런 이상한 수를 생각해내게 되었을까, 그 까닭을 알고 싶다는 것이었습니다.

위에서 보았듯이 네이피어 수는 대략 2.7 정도의 수입니다. 실제 사용하는 경우에 이 정도라면 곤란하지 않습니다. 그런데 이 수는 수학의 곳곳에 등장하는 중요한 수이기도 합니다. 중요도라고 하는 의미에서는 원주율 π와 같거나 그 이상이라고 생각합니다.

그래서 이제부터는

네이피어 수는 어디에서 왔을까?

하는 대명제를 해결해 보겠습니다. 네이피어 수는 왜 쓰이게 되었을까요? 이것은 왜 수학에서 중요한 상수의 하나가 되었을까요? 여기에는 미적분과 떼려야 뗄 수 없는 관계가 있습니다. 고등학교에서는 달리기라도 하듯이 가르치고 마는 주제이지만, 차분히 생각해볼 가치가 있는 심오한 주제입니다.

네이피어 수를 이해하기 어려운 까닭은 숫자들이 제멋대로 나열되어 있기 때문만은 아닙니다. 이를테면 원주율 π도 3.141592…으로 숫자들이 제멋대로 이어지지만, 어디에서 온 것인지는 잘 알고 있습니다. 반지름의 길이가 1인 원의 넓이입니다. 원주율은 원에서 왔습니다. $\sqrt{2}$도 1.41421356…으로 계속 이어지지만 그 의미는 알고 있습니다. '제곱하여 2가 되는 수'라고 해도 되고, [그림 104]와 같은 직각이등변삼각형의 빗변의 길이라고 생각해도 됩니다.

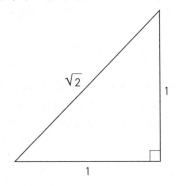

[그림 104] $\sqrt{2}$는 여기에 있다

그러면 네이피어 수는 어디에서 왔을까요? 도대체 어떤 의미가 있을까요? '왜 지금 네이피어 수를 이야기하는 것일까?' 하고 묻는다면, 네이피어 수가 앞서 다룬 넓이의 공식과 관계가 있기 때문입니다.

162쪽에서 보았듯이 $x=a$ 에서 $x=b$ 까지 범위에서 $y=x^\beta$의 넓이는 거듭제곱의 적분 공식을 사용하여

$$\int_a^b x^\beta dx = \frac{1}{\beta+1} b^{\beta+1} - \frac{1}{\beta+1} a^{\beta+1}$$

으로 나타낼 수 있습니다. 이다음에도 몇 번 더 나오므로 이 공식을 '거듭제곱의 정적분 공식'이라고 부르기로 합시다. 그런데 이 공식에는 커다란 문제가 있습니다. $\beta = -1$일 때, 곧

$$x^\beta = x^{-1} = \frac{1}{x}$$

의 적분을 할 때, 우변의 분모가 0이 되어버려서 해결을 할 수 없습니다.

그런 자잘한 것은 염두에 두지 않아도 괜찮지 않을까요?

$\frac{1}{x}$은 반비례 함수예요. 반비례 함수는 초밥 재료로 말하자면 새우, 그러니까 인기 있는 재료 중에서도 늘 잘 나가는 것입니다. 이 정도로 기본이 되는 함수를 적분할 수 없다면 많이 곤란해지겠죠.

이를테면 [그림 105]의 색칠한 부분의 넓이를 식으로 나타낼 수 없게 됩니다. 정말이지 불편하기 짝이 없습니다. 그런데 네이피어 수를 사용하면 이 색칠한 부분과 같은 도형의 넓이를 나타낼 수 있습니다.

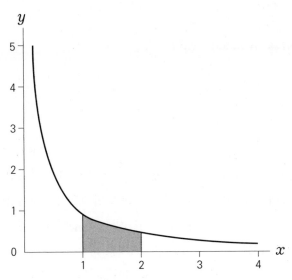

[그림 105] 반비례 함수에서 $x=1$부터 $x=2$까지의 넓이

● 한없이 참에 가까운 값

네이피어 수를 사용하지 않고서 어떻게든 넓이를 구하려고 생각한다면, 근삿값을 계산할 수밖에 없습니다. 이를테면 [그림 105]의 색칠한 부분의 넓이는 β가 −1이 아닐 때의 거듭제곱의 정적분 공식

$$\int_1^2 x^\beta dx = \frac{1}{\beta+1} 2^{\beta+1} - \frac{1}{\beta+1}$$

에서 β 를 -1에 가까운 수로 두면 대략의 값을 계산할 수 있습니다.

예를 들어 β 를 -1.00001로 하면

$$\frac{1}{-1.00001+1} 2^{-1.00001+1} - \frac{1}{-1.00001+1} = 0.6931447\cdots$$

이 되고, β 를 -0.99999로 하면

$$\frac{1}{-0.99999+1} 2^{-0.99999+1} - \frac{1}{-0.99999+1} = 0.6931495\cdots$$

이 됩니다. 이것으로부터 색칠한 부분의 넓이는 0.6931447⋯보다 크고 0.6931495⋯보다 작다'라고 특정할 수 있습니다.* 지금 예로 든 것은 x 가 1에서 2까지일 때의 넓이이지만, 더욱 일반적으로 '1에서 x 까지 적분한 값은 어떻게 될까?' 하는 것도 대강 알 수 있습니다.

다음 **[그림 106]**은 β 의 값을 여러 가지로 바꾸어가며 컴퓨터 프로그램으로 그래프를 그려본 것입니다. 여기서 눈여겨보아야 할 중점 사항은 4가지입니다.

1. 이 함수는 β 와 관계없이 $x=1$ 일 때의 값은 0이 된다. 따라서 검은 점은 β 가 어떠한 값이어도 그 자리에 그대로 있다.
2. β 가 -1보다 클 때, β 가 -1에 점점 가까이 가면 곡선은 왼쪽에

---

* 여기서는 간단하게 설명하기 위하여 2의 거듭제곱이 계산기에서 어떻게 계산되는지에 대해서는 언급하지 않지만, 실은 계산기에서는 로그로 계산한다. 만일 계산하는 방법이 궁금하다면 $\beta = -1 \pm \frac{1}{1024}$ 과 같이 -1에서 2의 거듭제곱분의 1을 더하거나 뺀 값으로 놓고, 제곱근을 되풀이하여 계산하는 방법을 사용해도 된다. 그때 제곱근의 계산은 '개평'(開平, 제곱근풀이)이라는 알고리즘으로 실행한다.

서 오른쪽 방향으로 옮겨간다.

3. β가 -1보다 작을 때, β가 -1에 점점 가까이 가면 곡선은 거꾸로 오른쪽에서 왼쪽으로 옮겨간다.

4. β를 -1에 아주 가까이 가게 해서($\beta = -1 + 0.0001$) 보면 그림의 굵은 선과 같은 곡선을 얻을 수 있다. 하지만 그 이상으로 β를 -1에 가까이 가게 해도 곡선은 거의 움직이지 않는다.

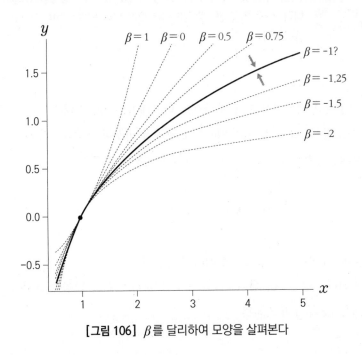

[그림 106] β를 달리하여 모양을 살펴본다

이상의 결과로부터 '$\beta = -1$일 때 적분한 결과의 그래프는 이 굵은 선이다'라고 해석할 수 있습니다. 또한 이제까지 '극한'이라는 말을 자주 사용해왔는데, β를 -1에 가까이 가져가는 극한을 그래프로 나타내면 [그림 106]의 굵은 선이 됩니다.

● 열쇠는 근호에 있다

 일단 그래프는 알겠어요. 이제 됐어요.

 잠깐, 차근차근 네이피어 수를 추적해왔지만 아직 할 일이 있습니다. 나중 일을 생각한다면 수식으로 나타내보는 것이 좋다고 생각합니다.

그렇지만 네이피어 수를 수식으로 나타내기는 어렵습니다. 지금까지의 사고방식으로는 잘 되지 않으므로 생각을 바꾸어 보겠습니다.

이때 $\sqrt{2}$가 도움이 될 것입니다. $\sqrt{2}$를 숫자로 죽 적어보면

$$\sqrt{2} = 1.41421356\cdots$$

이 되어 도무지 깔끔하게 마무리되지 않습니다.

그러나 '$\sqrt{2}$는 제곱하여 2가 되는 수이다'라고 하면 멋지게 표현됩니다. 곧, $\sqrt{2}$를 y라고 하면

$$y^2 = 2$$

가 됩니다.

이것은 $\sqrt{2}$에 한정되지 않습니다. $\sqrt{3}$과 $\sqrt{5}$도 제곱하면 마찬가지로 각각 3과 5가 됩니다. 곧, $\sqrt{x}$란

$$y^2 = x$$

가 되는 y 인 것입니다. 근호는 '제곱의 역'입니다.*

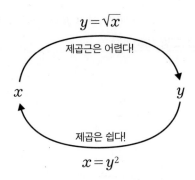

[그림 107] 제곱근을 다루기는 어렵지만 제곱은 쉽다

    2를 제곱하는 건 간단하지만, 거꾸로 $\sqrt{2}$를 계산하는 것은 상당히 어렵습니다. (개평법이라고 일컫는 계산법이 있는데, 지금은 알고 있는 사람이 많지 않을 것입니다. 그러나 이 방법 역시 제곱을 계산하는 것보다는 압도적으로 복잡하다는 점에서는 마찬가지입니다.) 물론 전자계산기를 사용하면 제곱근도 눈 깜짝할 사이에 계산할 수 있지만, 실제로 전자계산기 안에서는 상당히 복잡한 계산이 이루어지고 있습니다.

    여기서 중요한 것은

제곱근을 구하는 것은 무척 어렵지만 '제곱'은 쉽다

---

* 물론 양수와 음수를 모두 생각해야 하지만 복잡함을 피하기 위하여 여기서는 양수에 한정해 이야기를 풀어 나가고자 한다.

라는 것입니다. 조작을 거꾸로 함으로써 난이도를 조절할 수 있습니다. 이런 사고 방법이야말로 앞으로 '네이피어 수가 어디에서 왔을까?'를 해명하고자 할 때 도움이 됩니다.

지금까지는 x를 정하고 나서 그것에 대응하는 넓이 y를 계산해 왔습니다. 여기서 생각을 뒤집어 먼저 넓이 y를 정하고, 나중에 x를 구한다면 어떻게 될까요(**그림 108**)?

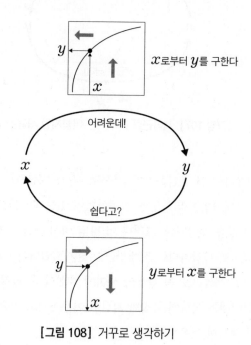

x로부터 y를 구한다

어려운데!

x

y

쉽다고?

y로부터 x를 구한다

[**그림 108**] 거꾸로 생각하기

의미가 모호해지지 않도록 이제부터는 수식의 도움을 받기로 합시다. 먼저 가볍게 대강 훑어보면 좋겠습니다.

● 생각을 바꾸면 잘될까?

168쪽에 나오는 거듭제곱의 정적분 공식

$$\int_a^b x^\beta dx = \frac{1}{\beta+1}\, b^{\beta+1} - \frac{1}{\beta+1}\, a^{\beta+1}$$

에서는 β가 −1일 때 분모가 0이 되어버리는 문제가 있었습니다.

그러므로 '$\sqrt{2}$의 사고방식'을 사용해 보겠습니다. 곧, $a=1$, $b=x$로 놓은 식

$$\int_1^x x^\beta dx = \frac{1}{\beta+1}\, x^{\beta+1} - \frac{1}{\beta+1} = \frac{x^{\beta+1}-1}{\beta+1}$$

에서 β가 −1에 아주 가까이 가서

$$\frac{x^{\beta+1}-1}{\beta+1} = y$$

가 될 때의 x를 계산하면 문제가 간단해질 것입니다.

얼핏 보고는 x를 구하는 게 어렵다고 말하는데, 절차를 생각하여 계산하면 그렇지 않습니다. 여기서는 다음과 같은 두 단계의 절차를 거치기로 하겠습니다.

1. 먼저 '$y=1$일 때의 x'를 계산해본다.
2. 다음으로 '($y=1$에 한정되지 않는) 일반적인 y에 대응하는 x'를 생각한다.

먼저 첫 번째의

$$'y = 1(\text{넓이 } 1)\text{일 때의 } x'$$

를 구합시다. β 가 -1에 아주 가까워지면

$$\frac{x^{\beta+1} - 1}{\beta + 1} \fallingdotseq 1$$

이 될 것입니다. 양변에 $\beta + 1$을 곱하면

$$x^{\beta+1} - 1 \fallingdotseq \beta + 1$$

이 되므로 -1을 이항하면

$$x^{\beta+1} \fallingdotseq 1 + (\beta + 1)$$

이 됩니다. 이 식을 어떻게 하든지 '$x =$'의 식으로 변환하고자 합니다.

그러기 위해서는 양변에서 '$\beta + 1$제곱근을 취해야' 할 필요가 있습니다. '$\beta + 1$제곱근을 취하는' 방법은 **[그림 109]**를 봐주었으면 합니다.

$x^2 = \square$ 라는 식을 '$x =$'의 식으로 고치면

$$x = \sqrt{\square} = \square^{\frac{1}{2}}$$

과 같이 제곱의 '2'가 $\square$의 '$\frac{1}{2}$제곱'이라는 형태로 바뀝니다. 이것과 마찬가지로

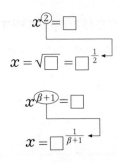

[그림 109] '$x=$'의 식으로 변형

$$x^{\beta+1} = \square$$

를 '$x=$'의 식으로 고치면

$$x = \square^{\frac{1}{\beta+1}}$$

이 됩니다. 그러므로

$$x^{\beta+1} \fallingdotseq 1 + (\beta+1)$$

을 '$x=$'의 식으로 고치면

$$x \fallingdotseq (1 + (\beta+1))^{\frac{1}{\beta+1}}$$

이 됩니다.

식을 깔끔하게 볼 수 있도록 $t = \beta + 1$로 놓으면 β가 -1에 가까이 갈 때, t는 0에 가까이 가기 때문에 구하고자 하는 x는 극한을 사용하면

$$x = \lim_{t \to 0} (1 + t)^{\frac{1}{t}}$$

으로 쓸 수 있습니다.

이 x의 값을 거칠게나마 계산해봅시다. 이 경우 극한값을 계산한다는 것은 t를 작게 해서 값을 계산하고, 그 값을 어림한다는 것입니다. 컴퓨터 프로그램을 써서 계산해보면 **〈표 3〉**과 같습니다.

〈표 3〉 t를 작게 해 나가면서 극한을 구한다

t	$(1 + t)^{\frac{1}{t}}$
1	2.0
0.1	2.593742
0.01	2.704814
0.001	2.716924
0.0001	2.718146

이 극한값*의 참값은

$$e = 2.71828182845904523536028747135\cdots$$

---

* 여기서는 혼란을 피하기 위해 t의 값으로 양수만 생각하는데, 음수인 경우도 같은 극한값에 수렴한다.

이 된다고 알려져 있습니다. 곧, $f(x) = \dfrac{1}{x}$의 그래프에서 넓이가 1이 될 때의

$$\int_1^x \frac{1}{x}\,dx = 1$$ 일 때의 x의 값이 e

인 것입니다.

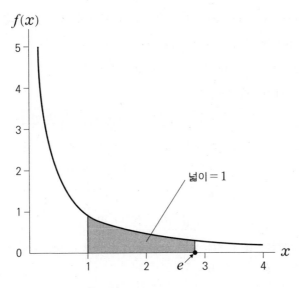

[그림 110] 도형으로 보는 e의 의미

 아! 이제야 겨우 나왔네요.

이것이 바로 네이피어 수입니다. 네이피어 수는 미적분에서 중요할 뿐 아니라 확률론(확률분포의 식), 통계학(신뢰구간 계산, 가설 검정), 물리학(물체의 운동 등), 화학(화학 반응의 속도 등), 기계공학(현가장치, 제어 등), 전기 · 전자공학(전기 회로의 방정식 등), 경제학(금리의 계산 등)과 같은 여러 곳에서 등장하는 중요한 수입니다.

실제 네이피어 수는 정말이지 엄청나게 길어서, 소수점 아래의 숫자를 하나하나 써 나가는 것은 효율적이지 못합니다. 아무리 끝까지 쓰고 싶다 해도 다 못 씁니다. 그래서 극한값의 참값은 e라는 기호로 나타내는 것이 관례가 되었습니다.

그런데 우리는 네이피어 수에서도 근사를 사용할 수 있습니다. 네이피어 수에서 모든 자리의 값을 알지는 못하지만, 필요한 만큼은 정확한 값을 알 수 있기 때문입니다. 이 같은 예는 이 외에도 더 있습니다. 이를테면 원주율 π 값은 세계기록이 몇 번씩 경신되고 있지만 그다음 자리에 나올 숫자는 아무도 모릅니다. 그러나 필요한 만큼의 정확한 값은 (원리적으로는) 알 수 있으므로, 실용적인 면에서 근사를 사용하는 데에는 특별한 문제가 없습니다.

● 지수함수가 나타나다

이렇게 해서 '$y = 1$일 때의 x의 값'은 무사히 구했습니다. 이제부터는 절차 2의

'($y = 1$에 한정되지 않는) 일반적인 y에 대응하는 x'

를 계산해봅시다. '일반적인 y에 대한 x의 값'을 식으로 나타낼 수 있으면, 지금까지 극한 없이는 표현할 수 없었던 '반비례의 적분 공식'을 분명히 나타낼 수 있을 것입니다.

계산할 때 생각하는 방식은 기본적으로 $y = 1$일 때와 마찬가지입니다.

$$\frac{x^{\beta+1} - 1}{\beta + 1} \fallingdotseq y$$

이 식을 x에 관해서 푸는 것입니다.

방법은 176쪽과 마찬가지입니다. 먼저 양변에 $\beta + 1$을 곱합니다. 그러면

$$x^{\beta+1} - 1 \fallingdotseq y\,(\beta + 1)$$

가 되므로 -1을 이항하면

$$x^{\beta+1} \fallingdotseq 1 + y\,(\beta + 1)$$

가 되고, 이 식의 양변에 $\beta + 1$제곱근을 취하여 '$x =$'의 식으로 만들면

$$x \fallingdotseq (1 + y\,(\beta + 1))^{\frac{1}{\beta+1}}$$

이 됩니다.

여기서

$$t = y\,(\beta + 1)$$

로 놓으면

$$\frac{1}{\beta + 1} = \frac{y}{t}$$

이므로

$$x \fallingdotseq (1 + t)^{\frac{y}{t}} = \left\{ (1 + t)^{\frac{1}{t}} \right\}^y \quad \cdots\cdots ①$$

이 됩니다.* β가 -1에 가까이 갈 때 $\beta + 1$은 0에 가까이 가므로

$$t = y(\beta + 1) \to 0$$

이 되어, ①에서 $t \to 0$의 극한을 사용하여 '$x =$'의 식으로 만들면

$$x = \lim_{t \to 0} \left\{ (1 + t)^{\frac{1}{t}} \right\}^y = e^y$$

이 됩니다. 여기서 { }의 안은 t가 0에 가까이 갈 때 네이피어 수 e에 가까이 간다는 것, 곧

$$\lim_{t \to 0} (1 + t)^{\frac{1}{t}} = e$$

가 되는 것을 사용했습니다. 깔끔하게 고쳐 쓰면 x와 y의 사이에는 다

---

* $y = 0$일 때는 0을 0으로 나누게 되어 불합리하게 되는데, 이때는 원래의 식으로부터 $x = 1$임을 알 수 있다. 따라서 y는 0이 아니라고(t도 0이 아니다) 가정하면 된다.

음과 같은 관계가 있음을 알 수 있습니다.

$$x = e^y$$

얼마나 단순한 관계인가요! 곧,

x를 y의 함수로 생각할 때,
'네이피어 수 e의 몇 제곱'이 될까?

라는 함수가 되는 것입니다.

이를테면 $y = 2$일 때는 $x = e^2 = 7.389056\cdots$이 되고, $y = -1$일 때는 $x = e^{-1} = \dfrac{1}{e} = 0.3678794\cdots$과 같이 됩니다.

그러면 x를 y의 함수($x = e^y$)로 놓은 그래프를 봅시다(**그림 111**).

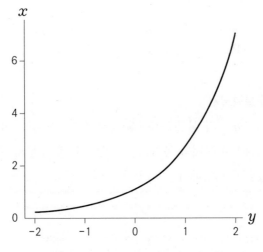

[**그림 111**] $x = e^y$의 그래프는 지수함수

그래프는 오른쪽 위로 매우 급하게 올라갑니다.

이 그래프는 세로축이 x축, 가로축이 y축이라는 점에 주의하기 바랍니다. 이와 같이 '어떤 수의 몇 제곱'이라는 형태의 함수를 **지수함수**라고 합니다.

지수함수의 특징은 증가 속도가 엄청나게 빠르다는 것입니다. $x = e^y$에서 y에 여러 가지 값을 대입했을 때의 x값을 계산해서 표로 만들어보면 그 속도를 알 수 있습니다.

y가 1 증가하면 x는 약 2.7배 늘어납니다. y가 4가 되면 x는 55 정도가 됩니다. 아무튼 엄청난 속도입니다. 이것이 지수함수입니다.

〈표 4〉 지수함수는 엄청나게 빠르게 증가한다

y	x
1	2.71828
2	7.38906
3	20.08554
4	54.59815

● **확실하게 살펴보자**

마지막으로 '$y =$'의 식의 그래프를 생각해봅시다. '$x =$'의 식에 대해서만 이야기해와서 본래의 목적을 잊고 있었는데, 정말로 하고 싶었던 이야기는 '$y =$'의 식입니다.

'$x=$'의 식을 알았으니까, 이제 다 되지 않았나요?

아니요, '$x=$'의 식은 지나치게 간접적이랍니다. 사람을 가리킬 때 '어디라고 하는 곳에 사는 누구라고 하는 사람' 같은 느낌이네요. 이를테면 나를 '상대성 이론을 만든 사람'이라고 부르기보다는 '아인슈타인'이라고 직접 말하는 쪽이 좋겠지요?

'$y=$'의 식으로 만들 때 기호가 없으면 불편합니다. 그래서

$$x = e^y$$

을 만족시키는 y를 x의 함수로 하여

$$y = \log x^*$$

라고 씁니다.

$y = \log x$를 **로그함수**라고 하고 '로그 엑스'라고 읽습니다. log라는 말은 logarithm(로가리듬)의 줄임말입니다. 앞의 e(네이피어 수)를 생각한 수학자 네이피어가 그리스어의 logos(비율, 논리)와 arithmos(수,

---

* 네이피어 수를 밑으로 하는 로그를 자연로그라 하여 $y = \ln x$라고 쓰기도 한다. 그런데 미적분과 같은 데서 로그함수를 다룰 때는 통상적으로 $y = \log x$로 쓴다. 고등학교에서 상용로그를 $\log x$로 쓰는데, 이와 구별하기 위해서 자연로그를 $\ln x$로 쓰고 있을 뿐이다.

산술)를 합성하여 만들었습니다.

log라고 하는 기호는 네이피어 수를 포함한 식 $x = e^y$을 '$y =$'의 식으로 바꿀 때 사용하는 것입니다. 관례적으로 네이피어 수 e는 쓰지 않는데, 굳이 네이피어 수를 생략하지 않고

$$\log_e x$$

로 쓰기도 합니다.

로그함수($y = \log x$)의 그래프는 [그림 112]와 같습니다.

조금 전의 [그림 111]과 어딘가 비슷하게 느껴지지 않나요? 그렇지요, [그림 111]에서 x축과 y축의 자리를 맞바꾸어 나타낸 것과 정확히 같은 모양입니다. x가 증가할 때 y는 차츰 덜 증가하게 되는(x가 커질

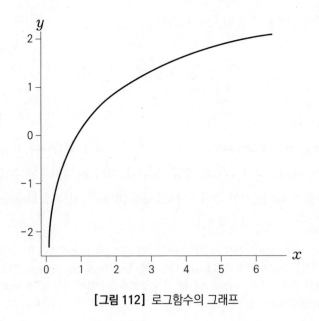

[그림 112] 로그함수의 그래프

수록 y 는 점점 천천히 커지는) 것도 알 수 있습니다.

$x = e^y$은 y 의 지수함수, $y = \log x$는 x 의 로그함수. 곧, 지수함수와 로그함수는 같은 것을 반대쪽에서 본 것입니다.

이상을 정리하면 β 를 -1로 가까이 가져갈 때

$$\int_1^x x^\beta \, dx = \frac{x^{\beta+1} - 1}{\beta + 1} \to \log x$$

가 됨을 알 수 있습니다. 여기서 '반비례의 적분 공식'을 얻습니다.*

$$\int_1^x x^{-1} \, dx = \int_1^x \frac{1}{x} \, dx = \log x$$

곧, [그림 105]에 있던 반비례 그래프의 1에서 2까지의 넓이(정적분의 값)는

$$\int_1^2 \frac{1}{x} \, dx = \log 2$$

임을 알 수 있습니다.

 여러 가지로 살펴본 덕분에 성과를 손에 쥘 수 있게 되었습니다.

 노력한 보람이 있네요. 얻은 결과를 다시 좀 더 살펴보면, 더욱 커다란 성과를 얻을 수 있답니다.

---

* 여기서는 $x > 0$로 생각한다.

● 미분해도 변하지 않는 단 하나의 함수

더욱 커다란 성과란 '지수함수의 미분 공식'과 '지수함수의 적분 공식'입니다. 다시 한 번 되돌아가 봅시다.

$$x = e^y$$

을 '$y =$'의 식으로 고쳐 쓴 식이

$$y = \log x$$

였습니다. $\dfrac{1}{x}$을 적분하면 $y = \log x$이므로 미적분학의 기본 정리에 의해

$$\frac{dy}{dx} = \frac{1}{x}$$

분모와 분자를 뒤집으면*

$$\frac{dx}{dy} = x$$

가 됩니다. $x = e^y$을 대입하면

$$\frac{d}{dy}(e^y) = e^y$$

---

* 정확하게는 $\dfrac{\Delta y}{\Delta x}$의 단계에서 뒤집어 극한을 취한다.

이 됨을 알 수 있습니다. y 를 x 로 바꿔 쓰고, 미분을 프라임으로 나타내면

$$(e^x)' = e^x$$

이라는 식을 얻을 수 있습니다.

곧, 지수함수는 미분해도 변하지 않습니다.* 네이피어 수 e 에는 이러한 단순한 성질이 있는 것입니다! 미분해도 변하지 않는 함수는 e^x 뿐입니다.**

나중에 쓸모가 있으니 여기서 아주 작은 공식 하나를 일반화해 둡시다.

e^x 대신에 e^{ax} 을 생각하고 이것을 미분합니다. 위첨자로 쓰여 있는 지수 부분이 x 에서 ax 로 변한 것이 다릅니다. 이것을 미분할 때는 x 가 x 의 1배라면 ax 는 a 배이므로, 그것을 미분한 것도 a 배가 됩니다. 따라서

$$(e^{ax})' = ae^{ax}$$

이라는 **지수함수의 미분 공식**을 얻을 수 있습니다.

다시 미적분학의 기본 정리를 사용하여 ae^{ax} 을 적분하면 e^{ax} 이 되므로

---

* 좀 더 정확히 말하면 $y = e^x$ 인 지수함수만 그렇다. 이를테면 일반적인 지수함수 $y = a^x \,(a > 0, \, a \neq 1)$ 은 미분하면 $y' = a^x \log a$ 가 된다.(옮긴이)

** $2e^x$, $3e^x$ 등도 미분해도 변하지 않기 때문에 더욱 정확하게는 '2배, 3배 등과 같은 상수 배를 제외하고' 하나뿐이라는 것이다.

$$\int ae^{ax}\,dx = e^{ax} + C$$

가 됩니다. 양변을 a로 나누었을 때, $\dfrac{C}{a}$는 상수이므로 단순하게 만들기 위해 다시 C라고 고쳐 쓰면

$$\int e^{ax}\,dx = \frac{1}{a}\,e^{ax} + C$$

라는 **지수함수의 적분 공식**을 얻습니다.

실은 이 두 가지(같은 것을 달리 말한 것이므로 하나라고 말할 수 있습니다)는 미적분의 공식 가운데에서도 중요한 공식입니다. 이를테면 물체의 진동 현상을 식으로 나타낸다든지 라디오를 만든다든지 할 때에도 사용되는 것들입니다.

3

휘어진 모양도 계산한다

● **곡선의 길이를 잰다**

오, 목걸이 좋은데요. 길이는 대략 45cm 정도겠는데요?

어떻게 아셨어요?

제1장에서 넓이와 부피를 계산했는데, 곡선의 길이도 넓이나 부피와 마찬가지로 생각할 수 있지 않을까요? 곧, '곡선≒작은 꺾은선들의 모음'이라고 생각하면 미분으로 나타낼 수 있을지도 모르겠습니다.

물론 불가능한 것은 아닙니다. 그러나 어려운 점이, '대부분 쉽게 계산할 수 없는 식'이 되어버리는 것입니다. 생각해보면 미적분을 배우기 전에 다루었던 곡선의 길이 공식이라는 것도 원둘레(원호)의 길이 정도밖에 없었습니다.

곡선의 길이 계산은 생각 밖으로 어려운 문제이지만, 목걸이와 같은 곡선의 길이는 절묘하게 계산할 수 있습니다. 비밀은 적분만이 아니라 미분도 사용하는 것입니다. 제1장, 제2장에서 둘 다 배웠으니 제3장에서는 '곡선의 길이 공식'을 완성시켜 봅시다.

곡선을 나타내는 방식에는 몇 가지가 있는데 먼저 간단히 $y=f(x)$로 나타낼 수 있는 곡선을 생각해 보겠습니다.

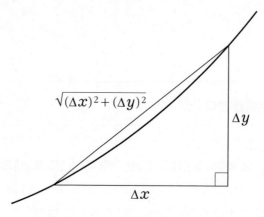

[그림 113] 곡선을 꺾은선으로 근사시킨다

[그림 113]에 나와 있는 것처럼 꺾은선 하나의 길이는 피타고라스 정리를 이용하여

$$\sqrt{(\Delta x)^2 + (\Delta y)^2}$$

으로 나타낼 수 있습니다. 그리고 곡선은 '꺾은선의 길이를 모두 더한 것'이므로 식으로 쓰면

$$\sqrt{(\Delta x)^2 + (\Delta y)^2} \text{ 의 합계}$$

가 됩니다. 진짜 곡선에 가까워질 수 있도록 Δx와 Δy를 할 수 있는 한 작게 해서 더하고자 합니다. 그리고 나서 적분할 수 있는 식으로 만들기 위해 Δx를 근호 밖으로 묶어냅니다.

$$\sqrt{(\Delta x)^2 + (\Delta y)^2}$$

$$= \sqrt{(\Delta x)^2 \left(1 + \left(\frac{\Delta y}{\Delta x}\right)^2\right)}$$

$$= \sqrt{1 + \left(\frac{\Delta y}{\Delta x}\right)^2}\, \Delta x$$

Δx를 0에 가까이 가져가면 극한을 취하는 것이므로 괄호 안은 미분이 됩니다.

$$\frac{\Delta y}{\Delta x} \rightarrow \frac{dy}{dx}$$

따라서 a부터 b까지를 x의 범위로 한다면 곡선의 길이는 [**그림 114**]와 같이 표현됩니다.

$$\sqrt{1 + \left(\frac{\Delta y}{\Delta x}\right)^2}\, \Delta x$$

합하고
$\Delta x \rightarrow 0$으로 한다

$$\int_a^b \sqrt{1 + \left(\frac{dy}{dx}\right)^2}\, dx$$

[**그림 114**] 아주 짧은 조각들을 모두 더하는 적분을 한다

곧, 곡선의 길이를 구하는 공식은 다음과 같음을 알 수 있습니다.

$$\int_a^b \sqrt{1 + \left(\frac{dy}{dx}\right)^2}\, dx$$

곡선의 길이 공식

y가 x의 식으로 쓰인 매끈한(= 미분할 수 있는) 곡선이라면, 이 공식으로 길이를 계산할 수 있습니다.

● 깔끔한 현수선의 공식

이렇게 해서 곡선의 길이를 구하는 공식을 얻었습니다. 그러나 앞에서도 말한 바와 같이 곡선의 길이를 구하는 적분은 대개 무난하게 계산할 수 있는 식이 되지는 못합니다.

무난하게 계산할 수 없는 적분이라니요?

적분이 언제나 무난하게 계산되는 것은 아닙니다. 정직하게 말하자면 곡선의 길이를 구하는 적분은 식을 만들 수는 있어도 계산까지 할 수 있는 것은 드물다고 말할 수 있습니다.

그러나 예외적으로 계산할 수 있는 경우가 있습니다. 이를테면 현수선이 그렇습니다. 현수선이란 [그림 115]와 같은 곡선입니다. 현수선의 영어 표기인 catenary의 'catena'란 라틴어로 쇠사슬을 뜻하는 말입니다.

[그림 115] 현수선은 여기저기서 볼 수 있다

현수선은 포물선과 아주 비슷해 보이지만 조금 다릅니다. 현수선은 포물선보다 꼭짓점(가장 아래의 골짜기 바닥)에 가까운 곳의 구부러진 모습이 조금 완만하다는 특징이 있습니다(그림 116).

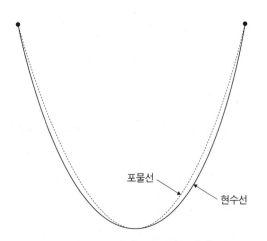

포물선

현수선

[그림 116] 현수선과 포물선의 미묘한 차이

유심히 보면 현수선은 여기저기에 있습니다. 이를테면 늘어진 전선이나 쇠사슬, 빨랫줄, 목걸이가 그렇습니다. 어딘가에서 늘어진 전선의 현수선을 보게 된다면 잠깐 관찰해봅시다. 아무렇게나 아래로 늘어뜨린 게 아님을 알 수 있을 것입니다. 팽팽하게 잡아당기려면 전선이 특별히 아주 튼튼해야 하고, 너무 축 늘어뜨리게 되면 보행자에게 닿는다거나 해서 위험합니다. 그렇게 적당히 늘어뜨린 상태는 실은 주도면밀하게 계산된 것입니다. 전선을 늘어뜨릴 때에는 얼마만큼 밑으로 늘어지게 할지가 중요합니다. 전선의 장력(잡아당기는 힘)과 늘어짐의 관계는 전기기사 자격시험 같은 데 출제되기도 합니다. 거의 유행을 타지 않는 문제라고 해도 될 정도입니다.

그러면 곡선의 길이를 구하는 공식이 사용되고 있는 예를 들어서 실제로 계산해봅시다. 다음 이야기는 고등학교 교과서에서도 자연스럽게 언급되고 있는데, 이것은 미적분이 현실에서 절묘하게 응용되고 있음을 보여주는 것입니다. 미적분이 단순한 계산의 유희가 아니라는 것을 알려주는 중요한 예입니다.

현수선을 식으로 나타내면 다음과 같습니다(A 는 상수이다*).

$$y = \frac{A}{2}(e^{\frac{x}{A}} + e^{-\frac{x}{A}})$$

이 식은 현수선의 형태를 식으로 나타낸 것이지 현수선의 길이를 구하는 공식은 아닙니다.

---

* 끈의 단위 길이의 질량을 ρ, 중력가속도를 g, 가장 낮은 곳에 있는 점에서 나타나는 수평 방향의 장력을 T 라고 할 때, $A = \frac{T}{\rho g}$ 가 된다.

한 가지 덧붙이자면 이런 공식은 기억해두지 않아도 됩니다. 필요할 때에 조사하면 곧바로 알 수 있으니까요.

[그림 117]의 곡선을 표현한 현수선의 식은 x 의 자리에서 y 가 갖는 값의 관계를 보여주고 있습니다. 이를테면 $x = 0$(늘어뜨려져 있는 가장 아래 지점)일 때 $y = A$ 가 됩니다.

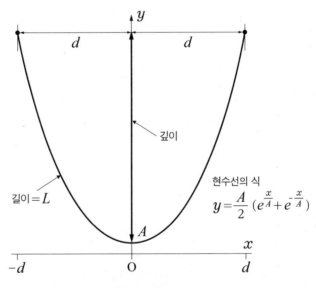

[그림 117] 현수선의 식이 지닌 의미

A 는 끈의 가장 아래 부분에서 수평 방향으로 잡아당기는 힘(장력)과 줄의 단위 길이에 해당하는 질량(미터 단위라면 1m에 해당하는 무게라고 생각하면 됩니다)으로 결정됩니다.

길이를 계산하려면 194쪽에 있는 곡선의 길이를 구하는 공식

$$\int_a^b \sqrt{1 + \left(\frac{dy}{dx}\right)^2}\, dx$$

에 현수선의 식

$$y = \frac{A}{2}(e^{\frac{x}{A}} + e^{-\frac{x}{A}})$$

를 대입하면 됩니다. 그렇게 하려면 y 의 미분

$$\frac{dy}{dx}$$

를 계산할 필요가 있습니다. 그래서 189쪽의 지수함수의 미분 공식을 사용하면

$$\frac{dy}{dx} = \frac{A}{2}(e^{\frac{x}{A}} + e^{-\frac{x}{A}})\text{의 미분}$$

$$= \frac{1}{A} \cdot \frac{A}{2} e^{\frac{x}{A}} + \left(-\frac{1}{A}\right)\frac{A}{2} e^{-\frac{x}{A}}$$

$$= \frac{1}{2} e^{\frac{x}{A}} - \frac{1}{2} e^{-\frac{x}{A}}$$

$$= \frac{1}{2}(e^{\frac{x}{A}} - e^{-\frac{x}{A}})$$

가 되는 것을 알 수 있습니다. 이것을 근호 안에 대입하여 정리하면 근호가 멋지게 없어지고 다음과 같은 식이 됩니다. 앞선 곡선의 길이를 구하는 공식에서 적분이 되는 함수입니다.

$$\sqrt{1 + \left(\frac{dy}{dx}\right)^2} = \frac{1}{2}(e^{\frac{x}{A}} + e^{-\frac{x}{A}})$$

상세한 계산에 관심이 있는 사람은 [그림 118]을 참고하기 바랍니다.

이를테면 197쪽의 [그림 117]과 같이 $a = -d$, $b = d$일 때를 생각하면, 구하는 현수선의 길이 L은 190쪽의 지수함수의 적분 공식을 사용하면 다음과 같습니다.

$$L = \int_{-d}^{d} \frac{1}{2}(e^{\frac{x}{A}} + e^{-\frac{x}{A}})dx$$

$$\int e^{ax}dx = \frac{1}{a}e^{ax} + C$$

$$= \left[\frac{A}{2}(e^{\frac{x}{A}} - e^{-\frac{x}{A}})\right]_{-d}^{d}$$

이 공식에 $a = \frac{1}{A}, -\frac{1}{A}$을 대입

$$= A(e^{\frac{d}{A}} - e^{-\frac{d}{A}})$$

이것이 바로 '현수선의 길이를 구하는 공식'입니다. 아주 깔끔한 공식이지요.

덧붙여서 이 식에 있는 $[\cdots]_{-d}^{d}$라고 하는 기호는 $x = d$일 때 $[\cdots]$의 값에서 $x = -d$일 때의 값을 뺀다는 의미입니다.

$$\sqrt{1+\left(\frac{dy}{dx}\right)^2}$$

$$=\sqrt{1+\left(\frac{e^{\frac{x}{A}}-e^{-\frac{x}{A}}}{2}\right)^2}$$

$$=\sqrt{1+\frac{1}{4}(e^{\frac{2x}{A}}-2e^{\frac{x}{A}}e^{-\frac{x}{A}}+e^{-\frac{2x}{A}})}$$

$$=\sqrt{1+\frac{1}{4}(e^{\frac{2x}{A}}-2+e^{-\frac{2x}{A}})}$$

$$=\sqrt{\frac{4+e^{\frac{2x}{A}}-2+e^{-\frac{2x}{A}}}{4}}$$

$$=\sqrt{\frac{e^{\frac{2x}{A}}+2+e^{-\frac{2x}{A}}}{4}}$$

$$=\sqrt{\frac{e^{\frac{2x}{A}}+2e^{\frac{x}{A}}e^{-\frac{x}{A}}+e^{-\frac{2x}{A}}}{4}} \qquad 2=2e^{\frac{x}{A}}e^{-\frac{x}{A}}\text{을 대입}$$

$$=\sqrt{\left(\frac{e^{\frac{x}{A}}+e^{-\frac{x}{A}}}{2}\right)^2}$$

$$=\frac{e^{\frac{x}{A}}+e^{-\frac{x}{A}}}{2}$$

[그림 118] 현수선의 길이를 구하는 식을 계산한다

200

● 목걸이의 길이를 검증한다

무척이나 깔끔한 공식이네요. 계산도 할 수 있다면 좋겠는데, 의도적으로 만들어진 것은 아닌가요?

확실히 꽤 까다로울 것 같던 곡선의 길이가 깔끔하게 구해진다는 것이 상당히 재미있지요?

그러면 정말로 현실에 부합하는지 아닌지 실험해봅시다. [그림 119]는 목걸이를 매달아 만든 현수선입니다.

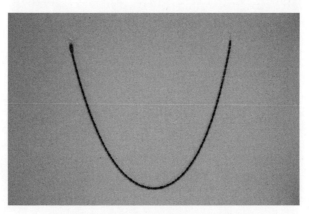

[그림 119] 목걸이를 매달아 만든 현수선

실험에 사용할 재료는 가늘고 아주 낭창낭창한 것이 좋습니다. 목걸이 외에도 아이들이 가지고 노는 장난감 사슬 고리나 실 같은 것도 괜찮습니다. 그러나 가운데에 장식이나 보석이 달린 목걸이는 이번 실험에는 적당하지 않습니다. 가운데의 장식이 한 점에서 강하게 끌어당겨 모양이 틀어져버리기 때문입니다.

사진에 있는 목걸이는 아내에게서 빌린 것입니다. 이것도 사실은 한가운데에 장식이 있던 것인데 실험하기 위해서 떼어놓고 촬영했습니다. 실제 이 목걸이는 완전히 균질한 재료는 아니지만, 목걸이를 구성하는 마디 하나하나가 아주 작으므로 근사적으로 균질하다고 생각해도 됩니다. 사진처럼 매단 목걸이에서 맨 위쪽의 '너비'와 가장 낮은 곳까지의 '깊이'를 재보기로 합시다(**그림 120**).

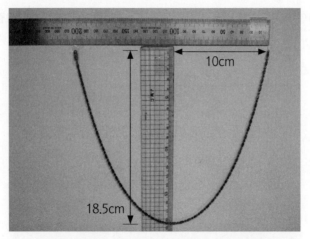

[그림 120] 목걸이 현수선의 너비와 깊이를 잰다

실제로 재본 결과 너비의 반은 $d = 10$cm, 깊이는 18.5cm였습니다. 이것으로부터 상수 A를 구할 필요가 있습니다.

이를 위해 목걸이 실물에서 잠깐만 눈을 돌려, 현수선의 식을 봅시다. 해결해야 하는 문제는 '현수선의 식을 바탕으로 깊이를 A의 식으로 나타내는 것'입니다.

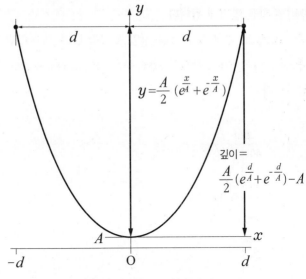

$$y = \frac{A}{2}\left(e^{\frac{x}{A}} + e^{-\frac{x}{A}}\right)$$

깊이 =
$$\frac{A}{2}\left(e^{\frac{d}{A}} + e^{-\frac{d}{A}}\right) - A$$

[그림 121] 깊이를 A 로 나타낸다

A 는 곡선의 가장 아래 지점의 y 의 값이고, 한편 $x = d$ 일 때의 y 좌표는

$$\frac{A}{2}\left(e^{\frac{d}{A}} + e^{-\frac{d}{A}}\right)$$

입니다. 따라서 깊이는 이 y 좌표와 곡선의 가장 아래 지점의 값인 A 의 차, 곧

$$깊이 = \frac{A}{2}\left(e^{\frac{d}{A}} + e^{-\frac{d}{A}}\right) - A$$

로 표현됩니다.

이와 같이 '깊이를 A 의 식으로 나타낸다'는 할 수 있지만 거꾸로 'A 를 깊이의 식으로 나타낸다'는 것은 수학자도 할 수 없습니다. 그래서

컴퓨터의 힘을 빌리게 됩니다.

$d = 10$cm로 놓고 상수 A를 정말 조금씩 늘려가면서 깊이를 계산합니다. 상수 A와 깊이, 각각의 값에 점을 찍어 그래프로 만든 것이 **[그림 122]**입니다.

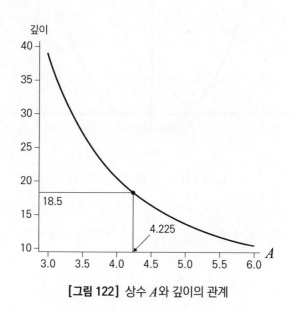

[그림 122] 상수 A와 깊이의 관계

상수 A는 현수선의 바닥에서 수평 방향의 장력(잡아당기는 힘)에 비례하는 것으로 알려져 있습니다. A를 크게 한다는 것은 목걸이를 강하게 잡아당기는 것과 같습니다. 따라서 A가 커지면 커질수록 깊이는 얕아집니다. 깊이가 18.5cm인 곳을 보면 상수 A는 4.225인 것을 알 수 있습니다.*

---

* 여기서는 뉴턴의 방법이라 일컬어지는 수치계산법을 사용해 A를 구했다. 뉴턴법은 수치해석학과 수치계산법을 다룬 책에는 반드시 실려 있는 기본 방법으로서 정밀도가 높은 방법이다. 이 책에서 다룬 계산 결과는 'R'로 구했다.

이 A의 값과 $d = 10\mathrm{cm}$를 대입해 현수선의 길이를 계산하면

$$4.225 \times (e^{\frac{10}{4.225}} - e^{-\frac{10}{4.225}}) = 44.658\cdots \text{(cm)}$$

가 됩니다.

정말로 이 값이 정확한지, 실제로 재어봅시다. [그림 123]을 보십시오.

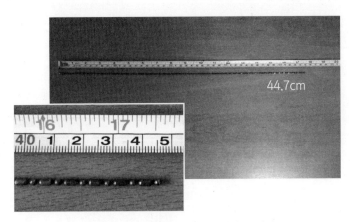

[그림 123] 목걸이의 길이를 실제로 잰다

실제로 잰 결과는 44.7cm! d와 깊이의 측정 오차가 있다고 해도 상당히 정확한 값이라고 할 수 있습니다. 공식이 역시 현실에도 적용되고 있음을 확인할 수 있습니다.*

---

* 일본의 전기기술자 자격시험에서는 전선 길이의 근삿값으로 $L = 2d + \dfrac{4}{3d} \times$ (깊이)^{2}을 쓰기도 한다. 이것은 깊이가 낮을 때의 근삿값이다. 이 책에서 실험한 목걸이 예와 같이 깊이가 깊어지면 오차가 커진다. 실제로 잰 값은 44.7cm였지만 위의 근사식으로 구하면 약 65.6cm가 되어 상당히 다른 값이 된다. 그러나 전선의 경우는 깊이를 깊게 하는 것이 위험하므로 실험의 목걸이와는 달리 이 근사식이 유효하다.

이건 뭐죠? 기분이 오싹할 정도로 거의 일치하네요.

 미적분이란 것은 종이 위에서만 적용되는 쩨쩨한 학문이 아닙니다. 현실에 정확하게 부합하고 있답니다.

4

미적분의 정체

● **미분가능성이란 무엇인가?**

실제로 고등학교와 대학교 교과서에는 배우는 사람의 관점에서 보면 '이렇게 당연한 것을 왜 배울까?'라는 생각을 하게 만드는 개념이 있습니다. 이처럼 배우는 의미가 잘 이해되지 않는 개념으로, 미분가능성을 들 수 있습니다. 미분가능성은 고등학교에서도 나오는데 대학에 가면 상당히 자주 나옵니다. 이를테면 이런 식입니다.

$f(x) = |x|$ 는 원점에서 미분가능하지 않습니다.

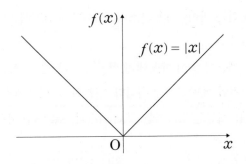

[그림 124] 미분불가능한 함수의 예

이것은 당연하다고 생각되는데요. 원점에서 꺾여 있기 때문에 미분할 수 없는 것이 당연하지요. 애초에 절댓값 기호가 쓰이고 있어서 미분할 수 없는 것이죠. 쓸데없는 일을 하고 있는 거네요.

미분가능성이란 것을 왜 생각해야 할까요? 그것은 세상에는 미분할 수 없는 함수가 무지 많기 때문입니다!

뜻밖에도 많이 알려져 있지 않지만

매끄러운(= 미분가능한) 함수라고 해도,
그 극한은 미분가능하다고 할 수는 없습니다!

전문적인 이야기이지만 요점만 간추려봅시다. **[그림 125]**는 '매끄러운 파도를 어떤 규칙에 따라 둘($n = 2$), 셋($n = 3$), 넷($n = 4$)씩 더해놓은 것'을 나타내고 있습니다. 오른쪽 아래의 함수는 파도를 무한히 많이 더한 것으로 바이어슈트라스(K. Weierstrass, 1815~1897) 함수라고 합니다.

더한 파도의 개수가 유한일 때에는 매끄럽지만, 무한 개의 매끄러운 파도를 더해 만든 바이어슈트라스 함수는 모든 점에서 미분불가능임을 알 수 있습니다.

이와 같은 예들이 있기 때문에 수학자는 '미분할 수 있는가, 없는가?' 하는 것에 신경이 예민해지게 됩니다. 미분할 수 없는 함수에서는, 이를테면 최댓값을 계산한다고 하는 것도 일반적으로 매우 어렵습니다.*

---

* 바이어슈트라스 함수의 경우 최댓값은 2이다. 이것은 드물게 간단히 구해지는 것으로 일반적으로는 쉽지 않다.

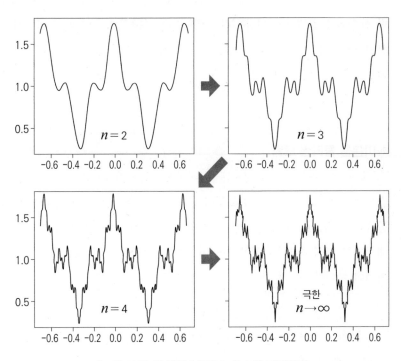

[그림 125] 바이어슈트라스 함수가 되기까지

왜냐하면 미분할 수 없으므로

$$미분 = 0$$

이라는 방정식을 만들지 못하기 때문입니다. 곧,

곳곳에서 미분불가능한 함수는 그 형태가 한없이 복잡합니다

국소적으로 보아도 형태가 단순하지 않습니다. 이런 점에서 미분가능한 함수와 본질적으로 다릅니다. 이런 것은 너무 극단적인 예가 아닐까 하고 생각하는 사람도 있을 것입니다. 그러나 그렇지 않습니다. 해안선처럼 들쑥날쑥하여 미분할 수 없는 예는 결코 드물지 않습니다.

● 미분을 둘러싼 모험

'세상에는 미분가능한 함수뿐'이라고 오해하고 있는 경우도 적지 않습니다. 그렇게 기술한 미적분 책이 있기도 합니다. 이를테면 '주가의 변동을 나타내는 그래프는 미분할 수 있으므로 그 주식이 이후에 오를지 내릴지를 알 수 있다'와 같은 기술이 있다면 그것은 수상쩍은 것이니 주의해야 합니다.

미적분이 돈벌이에 쓸모 있다면 좋을 텐데, 라는 기분은 잘 알겠어요.

미분은 투자에 관한 화제와 관련되어 이야기될 때가 많습니다. 근데 이 이야기가 오해를 불러일으키지나 않을까 싶은데~.

조금은 지엽적인 이야기가 되겠지만, 살짝 귀를 기울여 주었으면 합니다.

일반적으로 주가는 확률을 사용해 함수(그래프)로 나타냅니다. 가장 단순한 것은 멋대로 이리저리 움직이는 점을 사용하는 것입니다. 곧, 주가는 멋대로 이리저리 움직인다고 가정하는 것입니다. 자세한 연구에 따르면 그 점의 자취는 어느 부분이나 들쑥날쑥(미분불가능)해서, 앞서

언급한 바이어슈트라스 함수와 비슷한 것이 됩니다. 곧, 멋대로 움직이는 점의 자취에는

거의 모든 점에서 접선을 긋지 못한다

라는 것이 증명되고 있습니다. 주가 변동은 보통의 미분으로 알 수 있을 만큼 평범하지 않습니다. 확률 현상과 얽혀 있는 함수에서는 미분할 수 없는 것들이 자주 나타납니다.

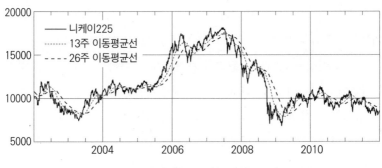

[그림 126] 니케이 평균(2002년 1월~2011년 12월)

[그림 126]은 니케이 평균 주가*의 그래프입니다. 깔쭉깔쭉한 모양으로 되어 있는 것이 실제의 주가이고, 매끄러운 두 선 중에서 13주 이동평균선은 과거 13주 동안의 주가로 평균을 구한 것, 26주 이동평균선은 마찬가지로 과거 26주 동안의 주가로 평균을 구하여 그래프로 나타낸

---

* 니케이지수: 1975년부터 일본경제신문사가 산출하여 발표하는 가격가중평균 주가 지수이다.(옮긴이)

것입니다. '주가를 예측할 수 있다'고 하는 책에서는 아마 이 '이동평균선'과 같은 것을 제시하고 있을 것입니다.

이동평균선이란 깔쭉깔쭉한 부분(고주파)을 잘라내어 매끄러운 부분(저주파)만을 통과시키는 저주파 통과 여과기(low-pass filter)의 일종입니다. 소리를 예로 들면 고주파는 아이의 목소리에 많고, 저주파는 아저씨의 목소리에 많습니다. 그러므로 아이의 목소리를 저주파 통과 여과기를 거치게 하면 아저씨의 목소리와 비슷하게 됩니다.* 주가의 '대략적인 움직임'을 알고자 할 때, 깔쭉깔쭉한 부분이 방해가 되므로 이동평균선을 사용한다는 것입니다. 그런데 본래의 주가는 '본질적으로' 깔쭉깔쭉하게 되어 있습니다(그림 126의 실선). 이와 같이 어디에서나 미분불가능한 것**을 미분하는 것은 잘못되었다고 말할 수밖에 없습니다.

그러나 이것이 미적분과 완전히 관련이 없는 이야기이냐 하면 그렇지는 않습니다. 이와 같은 확률 모델은 확률미분방정식이라고 하는 특정한 종류의 미적분으로 해석할 수 있기 때문입니다. 그렇더라도 그것은 통상의 미적분과 상당히 다른 독특한 수학입니다.*** 물론 확률미분방정식을 능숙하게 사용한다 해도 주가를 예상할 수는 없습니다.

미적분에 이와 같은 방향성은 없다고 해도, 미적분이 실제 사회에서 쓸모 있는 것은 확실합니다. 오히려 지나치게 모든 학문의 기초가 되어 '여기에 쓸모가 있다'라고 특정해서 말하기가 어려울 정도입니다. 마치

---

* 물론 여과기의 특성에 따라 결과는 달라진다. 자칫 무슨 말을 하는지 알 수 없게 될 가능성도 있다.

** 상세한 연구에 따르면, 하루의 종가만이 아니라 1시간마다, 1분마다 하는 식으로 시간 간격을 잘게 좁혀도 깔쭉깔쭉해진다는 것을 알 수 있다.

*** 확률미분방정식이라는 이름이 붙어 있지만 이것은 적분방정식이고, 더구나 그 적분은 이 책에서 생각해왔던 평범한 적분은 아니다.

공기와 물처럼 말입니다.

● 근사와 무시

이제까지 보아온 바와 같이 미적분의 본질은 근사와 무시에 있습니다. 근사라는 것은 무엇인가를 무시하는 것이므로 그대로 해서는 '정확히' 얼마라는 답이 나오지 않습니다.

그렇지만 학교 수학에서는 "제곱하면 2가 되는 값은?"이라는 질문을 받았을 때 "대략 1.4정도입니다."라고 대답하면 "틀렸어!" 하고 야단을 듣습니다. 이때는 "$\sqrt{2}$입니다."라고 말해야만 끝이 납니다. 이런 식이라면 미적분의 본질인 '근사와 무시'는 이해하지 못한 채 지나가 버릴 것입니다.

복잡한 도형이라도 간단한 직사각형의 모음으로 생각한다든지(적분), 함수도 국소적으로는 접선이나 포물선으로 생각해도 된다(미분)는 시각이야말로 미적분의 요령입니다. 중요한 것은 자잘한 것을 마음에 두지 않는 것입니다. 자잘한 것을 마음에 두지 않고 '함수를 직선에 근사시킴'으로써, 들이가 가장 큰 아이스크림콘이 어떤 모양인지 알 수 있고, '곡선을 꺾은선의 모음이라고 생각함'으로써 현수선의 길이도 계산할 수 있었습니다. 전체로 다루면 어렵더라도 잘게 나누면 간단한 것을 쌓아놓은 것이 됩니다. 이것이 미적분이 지닌 대단한 장점입니다.

실은 이것은 미적분에 한정된 이야기가 아닙니다. 수학 전반에 대해서도 마찬가지 이야기를 할 수 있습니다. 미적분은 이 같은 사고방식이 얼마만큼 유효한지를 알 수 있는 좋은 소재입니다. 실제로 우리가 살고 있는 세계는 근사투성이입니다. 무한히 작은 것은 존재하지 않고(소립자보다는 작을 수 없고) 우주는 무한히 넓지 않습니다.

그러나 실제의 미적분에서는 무한히 작은 양이라든지 무한히 큰 공간을 생각합니다. 이것은 근사입니다. 소립자의 크기를 무시하고 우주의 유한성을 은근히 무시하고서 끝이 없다고 생각하는 것은 사실에 반하는 것입니다. 그렇지만 그것이 가져다준 혜택은 헤아릴 수 없습니다.

도형을 얇게 잘라내는 이야기로부터 시작한 미적분의 이야기가 네이피어 수 e를 거쳐 마침내는 현수선의 길이까지 우여곡절 끝에 더듬더듬 도착하게 되었습니다. 여기까지 읽는다면 '근사와 무시'라는 사고방식을 당연한 것으로 생각하게 되지 않았을까요? 이것은 엄청난 진보입니다.

> **"**
> 정규교육 속에서도
> 호기심이 살아남는다면
> 그것은 하나의
> 기적과 같다.
> **"**

알베르트 아인슈타인

어떻습니까? 적분부터 시작해 매우 많은 것을 생각해 왔습니다. 미적분의 기본을 대부분 배울 수 있었지요.

이 책은 등하굣길 전철이나 출퇴근길에서도 읽을 수 있도록 하자는 생각으로 쓴 책입니다.

제 자신이 회사원 생활을 할 때, 출퇴근하는 긴 시간 동안 전철 안에서 열중해서 책을 읽었던 생각이 납니다. 전철에서는 좀처럼 자리에 앉지 못해 종이와 연필을 쓸 수가 없었습니다. 하지만 머리는 충분히 쓸 수 있었던 것 같습니다.

공부는 책상 앞에 앉아서만 하는 것은 아닙니다. 종이와 연필을 사용하지 않아도 되고 잠자리에서 뒹굴면서 책을 읽어도 좋습니다. 그럴 때 대강 읽는 것만으로도 중요한 것을 모두 알 수 있는 책, 그런 책을 만들면 어떨까 하고 생각했습니다.

이 책으로 여러분이 수학에 대한 호기심을 조금이라도 회복하게 된다면 다행입니다.

마지막으로 고단샤의 사사키 가즈히사 씨에게 고마움을 전합니다. 이 책은 사사키 씨의 인내 덕분에 나올 수 있었습니다. 의뢰를 받고 가벼운 마음으로 책을 쓰기 시작했는데, 전문적인 내용이라 설명이 너무 어려워져서, 모두 세 번에 걸쳐 많은 수정을 해가며 겨우 완성했습니다. 도중에 몇 번인가 포기하려고 했었는데, 그때마다 사사키 씨가 적절한 조언과 경쾌하고도 절묘한 유머로 저를 구원해 주었습니다.

독자 여러분, 마지막까지 읽어주어서 고맙습니다.

가미나가 마사히로(神永正博)

찾아보기

룰루랄라 미분적분

초판 1쇄 발행   2018년 3월 15일
초판 2쇄 발행   2020년 8월 25일

지은이   가미나가 마사히로
옮긴이   조윤동
펴낸이   윤지환
만든이   조남주
디자인   표지 에스티에이 디자인, 본문 김수미

펴낸곳   윤출판
출판등록   2013. 2. 26. 제2013-000023호
주소   경기도 성남시 분당구 불곡남로 21번길3, 1층
전화   070-7722-4341   팩스   0303-3440-4341
전자우편   yoonpub@naver.com

ISBN   979-11-87392-08-8   03410

이 도서의 국립중앙도서관 출판시도서목록(CIP)은 서지정보유통지원시스템 홈페이지
(http://seoji.nl.go.kr)와 국가자료공동목록시스템(http://www.nl.go.kr/kolisnet)에서
이용하실 수 있습니다.(CIP제어번호: CIP2018006245)